物理の基礎的13の法則

細谷暁夫 著

丸善出版

まえがき

　物理学をひととおり勉強した後で，各科目の導入部がそれぞれどのように完結したかわからずじまいになっているのに気づくことがあります．たとえば，量子力学では，プランクの黒体放射から始まりますが，いつの間にか電子の話に移行し特殊関数の海に溺れていたりします．さらに，力学，電磁気学，熱統計力学，量子力学などいろいろな科目のあいだの関連が判然としない状況に置かれて，当惑した人も多いと思います．私は学生時代にはだいぶ努力して勉強したつもりでしたが，同様の状況でした．

　やがて教える側になり，知識を順序立てる必要に迫られてから，ようやく物理がわかり始めた気がしました．学生時代には先生にずいぶん質問をしたほうですが，肝心なことに達していなかったと反省したこともありました．ただ，この歳になってみると，それもいたしかたなかったと悟るようになりました．物理学は標準的な教科書を勉強してわかるものではなく，自分で一度，再構成してみないと勘所がつかめないし，全体像もわからないものだと思うようになりました．

　本書では，物理学における13の法則を選んで，標準的な説明ではなく対話形式で再構成してみました．物理である以上，理論的な整合性，簡潔性が要求されるのは当然として，実証的根拠もつねに問われます．それぞれを，香織と春樹という2人の架空の人物に代表して質問してもらい，先生がそれに答えるかたちで対話をしながら物理法則の理解を深めていくように工夫しました．お気づきのように，ガリレオの『天文対話』と，さらにはプラトンの「対話篇」を不遜にも意識しています．

　この本はパリティ誌に1年ほどかけて連載された「物理の基礎的10の法

則」を加筆し単行本化したものです。

　申し上げるまでもなく，本書は初学者が物理を学ぶための入門書ではありません。そのような人たちにとっては，対話形式はかえってわずらわしいだけでしょう。そうではなく，たとえば量子力学まである程度学んだ人などが読んでくださると，物理の見方について意外な切り口を発見するかもしれません。

　標準的な教育課程が必ずしも論理的なものでなく，一度述べたことを何回も上書きをしたものであり，一見すると木に竹を接いだようにみえることがあります。しかし，再構成してみるとわりと単純なことであることがわかったりします。別の場合には，理論自体に未完の要素が残っていることが判明します。前者の代表が電磁気学で後者には統計力学と量子力学があたると思います。

　このように，独断を居直ったわがままな本を出版してくださる丸善出版の寛大さと，パリティ誌に連載したときに忍耐強くお付き合いくださった編集委員の方に深く感謝を申し上げます。

2017 年 6 月　我孫子にて

細 谷 暁 夫

目　次

第 1 章　ニュートンの運動法則　　1
1.1　慣性系の存在　　1
1.2　第 1 法則と第 2 法則の関係　　3
1.3　第 3 法則の役割　　4
1.4　重力と等価原理　　4
1.5　このさい聞いておこう　　6

第 2 章　ケプラーの法則と万有引力　　9
2.1　ケプラーの法則の意味　　9
2.2　万有引力の法則　　11
2.3　プリンキピア　　14
2.4　保存則　　14
2.5　このさい聞いておこう　　15
2.6　まとめ　　15

第 3 章　作用原理　　17
3.1　反射の法則　　18
3.2　屈折の法則　　18
3.3　まとめ　　23

第 4 章　対称性と保存則：ネーターの定理　　25
4.1　系の対称性　　26

4.2	保存量	27
4.3	エネルギー保存則	27
4.4	運動量保存則	28
4.5	角運動量保存則	29
4.6	このさい聞いておこう	32
4.7	まとめ	33

第5章 マクスウェルの方程式　35

5.1	マクスウェル方程式の物理的意味	36
5.2	電場と磁場は物理的実体か？	38
5.3	初期値問題として考えよう	40
5.4	電磁波	41
5.5	このさい聞いておこう	42
5.6	おしまいに	42

第6章 ホイヘンスの原理：波動の法則　45

6.1	屈折の法則をホイヘンスの原理から導く	46
6.2	フレネルによる回折現象の説明	47
6.3	キルヒホッフの公式	48
6.4	このさい聞いておこう	51
6.5	おしまいに	51

第7章 位相速度，群速度，信号速度　53

7.1	分散関係	53
7.2	位相速度と群速度	55
7.3	異常分散	57
7.4	エネルギーの流れの速度と信号速度	58
7.5	まとめ	59

第8章 ローレンツ変換　61

8.1	光速不変の原理からローレンツ変換を導くこと	62
8.2	イベントの同時性	66

8.3	ローレンツ収縮	67
8.4	時間の遅れ	68
8.5	このさい聞いておこう	70
8.6	まとめ	70

第9章　熱力学第1法則　　73

9.1	状態量	73
9.2	熱	78
9.3	カルノーの定理	78
9.4	エントロピー	79
9.5	自由エネルギー	80
9.6	このさい聞いておこう	81
9.7	まとめ	82

第10章　熱力学第2法則　　83

10.1	エントロピー	84
10.2	統計力学と第2法則	88
10.3	このさい聞いておこう	90
10.4	まとめ	90

第11章　統計力学　　91

11.1	ミクロカノニカル統計の例	92
11.2	量子統計——2準位系	94
11.3	カノニカル統計	95
11.4	このさい聞いておこう	97
11.5	まとめ	98

第12章　ブラウン運動とアインシュタインの関係式　　101

12.1	1次元酔歩のモデル	101
12.2	移動度	103
12.3	確率分布関数	104
12.4	このさい聞いておこう	106

| | 12.5 まとめ .... | 108 |

第13章 量子力学の公理　　109

	13.1 量子力学の学び方	110
	13.2 公理（1）について	111
	13.3 公理（2）について	112
	13.4 公理（3）について	113
	13.5 公理（4）について	113
	13.6 粒子性と波動性	114
	13.7 公理（5）について	115
	13.8 このさい聞いておこう	115
	13.9 まとめ	116

第14章 物理対話　　119

	14.1 対話について	119
	14.2 「わかりやすい」ことはよいことだろうか？	120
	14.3 物理学における論理と実証	120
	14.4 香織と春樹の正体	121
	14.5 質問のネタ	121
	14.6 13章分の要点	122
	14.7 エピローグ：物理の全体像	125

索　引　　127

第 1 章

ニュートンの運動法則

先生は力学の授業のはじめに黒板に次のことを箇条書きしました。

ニュートン（Sir I. Newton）の運動法則
時刻 t における質点の位置ベクトルを $\bm{r}(t)$ とすると，
(1) 第 1 法則
　　質点は，力が作用しないかぎり，静止または等速直線運動する。
(2) 第 2 法則
　　質点の加速度 $\mathrm{d}^2\bm{r}(t)/\mathrm{d}t^2$ は，それに働く力 $\bm{F}$ に比例し質量 m に反比例する。
$$\frac{\mathrm{d}^2\bm{r}(t)}{\mathrm{d}t^2} = \frac{\bm{F}}{m} \tag{1.1}$$
(3) 第 3 法則
　　2 つの質点 1，2 のあいだに相互に力が働くとき，質点 2 から質点 1 に作用する力と，質点 1 から質点 2 に作用する力は，大きさが等しく，逆向きである。

1.1 慣性系の存在

すると，一番前の席に座っていた香織が手を挙げて質問しました。
香織　先生，第 2 法則で力が働いていない場合，つまり $\bm{F}=0$ を考えると，
$$\frac{\mathrm{d}^2\bm{r}(t)}{\mathrm{d}t^2} = 0 \tag{1.2}$$

となり，これは積分すると速度 $d\boldsymbol{r}(t)/dt$ が一定であることを意味します。第1法則は第2法則に含まれるのでしょうか？ そうだとすると，わざわざ第1法則をはじめに掲げる必要はないように思います。

先生 うーん。素晴らしい質問です。第1法則の意味するところは，質点に力が働かないときに等速運動をするような座標系が存在するというのが正確な表現です。そのような座標系を慣性系（inertial frame of reference）とよびます。いい換えると，第1法則は慣性系の存在を宣言しています。それを前提に力が働いている場合を述べたのが第2法則です。これについては岡村浩氏の教科書にわかりやすく書かれています [1]。そこには，「鳥の心配」というたとえ話が載っています。母鳥がヒナを巣においてえさを探しに飛び立ちますが，そのあいだに地球と一緒に巣が動いて遠くに行ってしまうのではないかと心配する，という話です。

香織 慣性系は1つではなくたくさんあるのですね。

先生 ある慣性系に対して，等速度で運動している座標系は全部慣性系です。その意味では無数にあります。

——香織のボディーガードを自任して，その横に座っていた春樹が手を挙げて質問をしました。

春樹 慣性系の存在を実験的に検証できますか？

先生 うーん。慣性系の存在は直接検証できないと思います。ただ，それに反する実験事実はいまのところ見あたらないのです。たとえば，床の上で積み木を滑らせる実験をします。摩擦があるので，しばらくすると静止するでしょう。床をつるつるに磨き上げて摩擦を減らすと滑っている時間が長くなります。その極限を考えると，摩擦がなくなれば等速運動するであろうと考えるのは理にかなっているように思えます。冬季オリンピック競技にあるカーリングを思い浮かべるとよいでしょう。本気になって慣性系の存在を検証しようとすると大変でしょうね。いろいろな物理法則の大前提になっているので，それらを使わない実験を考案すること自体難問です。まず，慣性系の存在を使わない力学をつくり，それをもとに電磁気学を構成しないと速度計も使えないことになります。

1.2　第1法則と第2法則の関係

香織　第2法則は慣性系でのみ成り立っているといってよいでしょうか？

先生　力として重力以外を考えているのなら，それで正しいです。重力が働いている場合は，自由落下する質点とともに運動する座標系（自由落下系といいます）こそが，慣性系とよぶべきものです。自由落下系では重力は消えていて，質点は等速運動します。これを等価原理といいます。逆に，地上に静止している観測者の方が，地面から力を受けて加速しているとみるのです。

香織　自由落下系こそが慣性系であり，地上に静止している人の座標系は地面がもち上げている加速度系なのですね。コペルニクス的転回ですね。

春樹　第2法則は実験的に検証できますか？

先生　はい。質量を固定して，力を2倍にすれば加速度も2倍になるし，力を固定して質量を2倍にすれば加速度は半分になることは実験で確かめられます。

　ニュートンの第2法則すなわち運動方程式は，粒子の速度が光速よりもずっと小さいときに成り立ちますが，光速に近くなると成り立ちません。相対論的な運動方程式におき換えられます。

　しかし，相対性理論でも慣性系の存在は仮定します。一般相対性理論まで行っても，ある時空点の近傍での慣性系の存在を仮定します。

香織　第1法則は「法則」というよりは「原理」というべきもので，第2法則と同列ではないように思えます。

先生　なるほど，一理ありますね。「力は，運動方向に働いている」と，初学者は思いがちです。たとえば，上昇する物体には上方に力が働くと考える誤りはよくみられ，高校の先生が苦労しています。本当は下向きに重力が働いているのですが。第1法則のところでみたように等速で運行している電車の中は慣性系です。進行方向に力が働いていないので，ものが足元に落ちてもおかしくないのですが，上記の誤解をしている人は「あれ？」と不思議に思うかもしれません。

1.3 第3法則の役割

香織 第3法則は,第1法則や第2法則とだいぶ趣が違いますね。第1と第2法則は質点1個を扱っているのに,第3法則では2個です。

先生 第3法則の役割をみるために逆に私の方から質問しましょう。第2法則のところで質量を2倍したら,といいました。どうやって質量が2倍になったことを検証するのでしょうか?

春樹 重量計で測ったらよいと思いますが。

先生 重力がほとんどない宇宙空間にいるときはどうしますか?

春樹,香織 うーん。

先生 重力抜きで慣性系だけで議論を完結させるために,第3法則が必要です。たとえば2つの質点を衝突させます。第3法則から2個の質点に対して,質量に速度を掛けたものの和は一定である,ということが導かれます。運動量保存則といってもよいです。慣性系を適当に選んでそれがゼロになるとしましょう。つまり,

$$m_1 \bm{v}_1 + m_2 \bm{v}_2 = 0. \tag{1.3}$$

速度 $\bm{v}_1$ と $\bm{v}_2$ を速度計で測定し,その比を求めれば,質量 m_1 と m_2 の比がわかります。

イメージをつかむために,質量の違う2隻のボートがあり,乗っている人が相手のボートを押している例を思い浮かべるとよいかもしれません。これはよく中学の教科書にでてきます。軽いボートは重いボートよりも速く遠ざかります。重い方の遠ざかり方はゆっくりです。2つのボートの質量の比は速度の比の逆数として求まります。

香織 なるほど。第3法則は第2法則を実証するという意味もあるのですね。

先生 そうなりますね。

1.4 重力と等価原理

春樹 先ほど,重力なしで質量を測る方法はわかりましたが,重力のある場合に重量計を使ってはいけないのですか?

先生 結局はよいことになるのです。その前に上記の方法で決めた質量(慣性質

量（inertial mass）といいます）と重量計で測った質量（重力質量（gravitational mass）といいます）が一致することを実験的に示す必要があります。それは 19 世紀にハンガリーのエトベッシュ（L. Eötvös）によって最初に行われ，その後精度をあげて確認されて，慣性質量と重力質量の等価原理（equivalence principle）とよばれています。一般相対論の基礎の 1 つです。

香織 先生は，先ほど「自由落下系では重力が消える」ことを等価原理とおっしゃったように覚えています。慣性質量と重力質量が等しいということと同じことなのですか？

先生 これは説明不足でした。簡単な場合として，一様な重力の場合を説明します。重力加速度を g として，ニュートンの運動方程式の垂直成分 $y(t)$ は

$$m_\mathrm{i} \frac{\mathrm{d}^2 y(t)}{\mathrm{d}t^2} = m_\mathrm{g} g \tag{1.4}$$

と書けます。ここに，m_i は慣性質量で，m_g は重力質量です。これらが等しいとき[1]には，左右両辺で相殺して

$$\frac{\mathrm{d}^2 y(t)}{\mathrm{d}t^2} = g \tag{1.5}$$

となります。ここで，自由落下系での座標を $Y(t) = y(t) - gt^2/2$ とおくと，ニュートンの運動方程式は

$$\frac{\mathrm{d}^2 Y(t)}{\mathrm{d}t^2} = 0 \tag{1.6}$$

となり，この系では等速運動となります。したがって，エトベッシュの意味での等価原理がアインシュタインの意味での等価原理を意味するのです。

春樹 どうもいい回しの問題に過ぎないような気がします。そのような見方の方が有効な例がありますか？

先生 今は，実用ではなく原理を述べているのですが…。そうですね，モンキーシューティングはどうでしょうか（図 1.1）。よく知られているように，木の上にいるサルが落ちるのを猟師が鉄砲で撃つという，ちょっと残酷な状況設定です。問題は，どの方向に鉄砲の狙いをつければよいかです。答えは，木から落ちる寸前のサルを素直に狙えばよく，弾は放物軌道を描いて，落下

---

[1] 正確には比 $m_\mathrm{i}/m_\mathrm{g}$ がすべての物質に対して共通であればよい。そのときには単位系を調節すればよい。

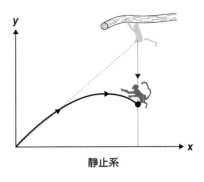 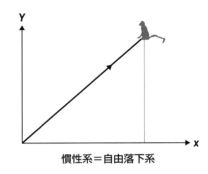

図 1.1 （左図）静止している猟師が木から落ちる瞬間の猿に照準を合わせて撃てば，弾丸は放物線を描いて垂直に落下する猿に命中する。（右図）同じ現象を自由落下系で記述すると，無重力中の弾丸は直線を描き，静止している猿に命中する。

するサルに自動的にあたるというものです。これは，ニュートンの運動方程式を水平，垂直成分に分けて解けば簡単に証明できます。ウェブでは動画入りで解説されています。monkey shoot physics で検索してみてください [2]。

　一方，等価原理を使った説明は以下のとおりです。自由落下系で記述すると，サルは静止しており，弾は等速直線運動します。したがって，はじめにサルの方向を狙えばサルに命中することは運動方程式を解くまでもなく明らかです。

春樹　なるほど。

香織　私は，等価原理を使った説明の方が素敵だと思います。サルには気の毒だけれども。

1.5　このさい聞いておこう

春樹　運動方程式を解く，と先生はよくおっしゃるのですが，「解く」というのはどういう意味でしょうか？

先生　ある時刻における質点の位置（初期値）と速度（初速度）を与えて，ニュートンの運動方程式を満足する時間 t の関数 $r(t)$ を解といいます。ニュー

トンの方程式を微分方程式とみなしたときの「解」という意味です．初期値と初速度を与えれば解は 1 つに定まります．

春樹 話が数学になってイメージがつかめないのですが，物理的な直感に訴えるいい方をするとどうなりますか？

先生 ある時刻に質点の位置と速度が与えられたとします．それからほんの少し経った時刻における位置は前の時刻の速度（これは与えられています）にそのほんの少しの時間を掛ければ得られます．問題はその時刻の速度をどう理論的に推定するかですね．そこで，第 2 法則を用いて速度の差をその時刻において質点に働く力から求めます．以下同様でつぎつぎに位置と速度が決まって行きます．

香織 ニュートンは運動方程式に関する問題をすべて 1 人で解決して『プリンキピア』に書いたのですか？

先生 私も読んだことがないので詳細は知りませんが，主として作図による説明がされているそうです．私も一例を大英図書館で見たことがあります．しかし，解の一意性などについては曖昧にしか書かれていないようです．ニュートン以後，オイラー（L. Euler）に至る多くの人が力学の考え方を整理して，私がいったような現代的なかたちになったようです．慣性系の存在などの理解はもっと後のことだと思います．

香織 下らない質問かもしれませんが，質量という漢字の組み合わせが不可解です．「質」と「量」という対立する概念を合体させたのはなぜでしょう？

先生 （意表を突かれて）うーん．英語では mass です．密度×体積の意味かな．いわれてみると妙ですね．

　今回は話が等価原理にまで及んでしまいましたが，ニュートンの運動法則のように基本的な法則は少し「高み」まで登って上から眺めてみる方が理解が深まると思います．

——最後に先生は黒板に以下のように議論のまとめを書きました．

外から力を加えないときに質点が等速直線運動をするような座標系，すなわち慣性系が存在する（第 1 法則）．その系において力が働くときに，

> 質点はニュートンの運動方程式に従う（第 2 法則）。質点の質量は標準を 1 つ定めると第 3 法則によって測ることができる。ニュートン力学から相対論まで第 1 法則は仮定しているが，第 2 法則が書き換えられる。力はばねに対するフックの法則のように経験的に与えられる場合もあるし，電荷に対するクーロンの法則のように，より深い自然法則によって与えられる場合もある。力が重力の場合には，自由落下系が慣性系であることに注意しよう。

そして，次のようにつけ加えました。

> 標準的な教科書では力が万有引力の場合を書いているが，そのときの座標は近似的な慣性系の座標である。

参考文献

[1] 岡村浩：『力学 I（パリティ物理教科書シリーズ）』丸善出版（2011）.

[2] たとえば，http://www.wired.com/wiredscience/2013/06/how-not-to-shoot-a-monkey-video-analysis-of-a-classic-physics-problem/（2017 年 7 月現在）

第 2 章

ケプラーの法則と万有引力

先生は授業のはじめに黒板に次のことを書きました。

ケプラーの 3 法則
(1) 楕円軌道の法則
    惑星の軌跡は太陽を 1 つの焦点とする楕円である。
(2) 面積速度一定の法則
    太陽と惑星を結ぶ線分が単位時間に掃く面積は，惑星の位置によらず一定である。
(3) 調和の法則
    惑星の公転周期の 2 乗と長半径の 3 乗の比は，惑星によらず一定である。

2.1 ケプラーの法則の意味

先生 これは，ケプラー（J. Kepler）がティコ・ブラーエ（Tycho Brahe）の観測データにもとづいて惑星の運動について立てた 3 つの法則です。
香織 そもそも，軌道が平面内にあり，閉じることが大前提なのですね。
先生 書きませんでしたが，そうです。
春樹 もう 1 つの焦点には何があるのですか？
先生 もう 1 つの焦点には何もありません。図を描いてみましょう（図 2.1）。
香織 軌道が円ではなく，楕円というところがミソなのですか？

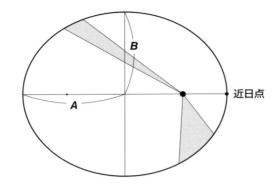

図 2.1 太陽を 1 つの焦点とする楕円軌道。A：長半径，B：短半径。太陽と惑星を結ぶ線分が単位時間に掃く領域（網掛けした部分）の面積が一定。

先生 当時はそこに関心があったようです。円ならば対称性を根拠にすることもできたと思いますが，楕円となると説明がいるでしょうね。後にニュートンが示したようにその原因は太陽と惑星のあいだの万有引力によるのです。重力が距離の逆 2 乗に比例するときに，軌道が閉じて，しかも楕円になります。

春樹 面積速度が一定というと，太陽から遠いところでは遅く，近いところでは速いということですね。

先生 そうです。ただし，この法則は万有引力でなくても中心力なら成り立ちます。中心力とは，方向が原点と惑星を結ぶ線方向であるような力です。これも図に描いておきます。ついでにいうと，軌道が平面内にあることだけなら中心力すべてに対して成り立ちます。

香織 第 3 法則が不可思議です。長半径だけから周期が決まるのですね。その比 T^2/A^3 は定数ですか？

先生 万有引力定数 G と太陽の質量 M だけで決まっています。

先生 それではケプラーの法則を数式で書いておきましょう。式の説明は後でします。

$$（楕円軌道） \qquad r(\phi) = \frac{l}{1 + e\cos\phi} \tag{2.1}$$

$$（面積速度一定） \qquad r^2 \dot{\phi}^2 = \mathrm{const.} \tag{2.2}$$

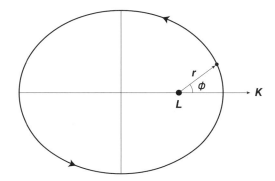

図 2.2 惑星の軌道の動径座標 r と角度座標 ϕ。角運動量ベクトル $\boldsymbol{L}$ とレンツベクトル $\boldsymbol{K}$ の方向も書き込んだ。

$$\text{(調和の法則)} \quad \frac{T^2}{A^3} = \frac{4\pi^2}{GM} \tag{2.3}$$

2.2 万有引力の法則

先生 ニュートンは万有引力の法則

$$\frac{d^2\boldsymbol{r}}{dt^2} = -GM\frac{\boldsymbol{r}}{r^3} \tag{2.4}$$

から,ケプラーの3法則を導きました。ただし,図2.2に書き込んだように,$\boldsymbol{r}$ は惑星の位置ベクトルです。

ここでは,直接,運動方程式 (2.4) を解くのではなく,そこから導かれる2つの保存則すなわち(単位質量あたりの)角運動量 L と(単位質量あたりの)エネルギー E の保存則,

$$\boldsymbol{L} := \boldsymbol{r} \times \dot{\boldsymbol{r}} = \text{const.} \tag{2.5}$$

$$E := \frac{\dot{\boldsymbol{r}}^2}{2} - \frac{GM}{r} = \text{const.} \tag{2.6}$$

を用いてケプラーの3法則を導きましょう [1]。ただし上についたドットは時間微分を意味します。角運動量 $\boldsymbol{L}$ はベクトルですから,これが一定というこ

とはその方向も一定です。したがって，惑星は平面内を運動します。それを紙面としましょう。動径 $r = |\boldsymbol{r}|$ と角度 ϕ を図 2.2 のように定義すれば，角運動量の大きさ L は

$$L = r^2 \dot{\phi} \tag{2.7}$$

となります。これは，図 2.1 に網掛けした領域で示したように面積速度の 2 倍ですから，第 2 法則が示されたことになります。

香織 面積速度一定の法則は角運動量保存則にほかならないのですね。力が万有引力でなくても成り立つのですね。

先生 そうですね。運動が平面内に収まることも角運動量保存則から導かれます。それにもとづいてエネルギー保存則を書き直しましょう。

$$E = \frac{\dot{r}^2}{2} + \frac{r^2 \dot{\phi}^2}{2} - \frac{GM}{r} = \frac{\dot{r}^2}{2} + \frac{L^2}{2r^2} - \frac{GM}{r} \tag{2.8}$$

軌道を $r = r(\phi)$ とすると，$\dot{r} = (\mathrm{d}r/\mathrm{d}\phi)\dot{\phi}$。これを用いると

$$E = \frac{L^2 (\mathrm{d}r/\mathrm{d}\phi)^2}{2r^4} + \frac{L^2}{2r^2} - \frac{GM}{r} \tag{2.9}$$

式を簡単にするために $u = 1/r$ とおくと，

$$\begin{aligned} E &= \frac{L^2}{2}\left[\left(\frac{\mathrm{d}u}{\mathrm{d}\phi}\right)^2 + u^2\right] - GMu \\ &= \frac{L^2}{2}\left[\left(\frac{\mathrm{d}u}{\mathrm{d}\phi}\right)^2 + \left(u - \frac{GM}{L^2}\right)^2 - \left(\frac{GM}{L^2}\right)^2\right] \end{aligned} \tag{2.10}$$

となり，整理すると，

$$\left(\frac{du}{d\phi}\right)^2 + \left(u - \frac{GM}{L^2}\right)^2 = \frac{2E}{L^2} + \left(\frac{GM}{L^2}\right)^2$$

です。これを u に対する微分方程式とみなすと，解が

$$u = \frac{GM}{L^2}(1 + e\cos\phi) \tag{2.11}$$

$$e^2 := 1 + \frac{2EL^2}{G^2 M^2} \tag{2.12}$$

であることは簡単にみてとれます。

ここで，
$$l = \frac{L^2}{GM} \tag{2.13}$$
とおくと楕円軌道 (2.1) を得ます。

香織 式 (2.12) と式 (2.13) は軌道パラメーター e と l を保存量であるエネルギー E と角運動量 L で表したのですね。

先生 そうです。ちなみに，保存量を軌道パラメーターで表すと，$E = -GM/2A$，$L^2 = GMB^2/A$ となります。

香織 ポテンシャルが $1/r$ つまり u の 1 次関数であること（式 (2.8)）が，楕円軌道になるポイントであるのが，数式からも納得できました。仮に万有引力ポテンシャル $1/r$ にたとえば $1/r^3$ がつけ加わったらどうなりますか。

先生 そのときには軌道が閉じず，1 周するごとに長軸の方向が変化します。実際，一般相対性理論においては小さい $1/r^3$ に比例する項がつけ加わります。そのために，近日点移動が起こります。近日点移動とは長軸の変化により惑星が太陽にもっとも近づく点が変わることをいいます。水星では観測結果とよく一致して，一般相対性理論の実証例になりました。

図 2.1，図 2.2 を参考にすると，長半径は $A = l/(1-e^2)$，短半径は $B = l/\sqrt{1-e^2}$ となるので，楕円の面積は $\pi AB = \pi l^2/(1-e^2)^{3/2}$ です。

一方，面積速度は $L/2$ だから周期は
$$T = \frac{\pi AB}{L/2} \tag{2.14}$$
となります。したがって
$$T^2 = \left(\frac{2\pi AB}{L}\right)^2 = (2\pi)^2 \frac{l^4}{L^2(1-e^2)^3} = (2\pi)^2 \frac{A^3}{GM} \tag{2.15}$$
これは，第 3 法則にほかなりません。ただし，$l/L^2 = 1/GM$ を用いました。

春樹 定数 e の意味は何ですか？

先生 $e = 0$ のときには，軌道が円になります。一般には e は $0 \leq e < 1$ で離心率とよばれ，楕円の扁平度を表しています。ちなみにエネルギー E は負です。

春樹 実際の惑星の離心率はどの程度なのですか？

先生 水星 (0.2056) と火星 (0.0934) が大きいところです。ティコ・ブラー

エの観測データでは，火星の軌道が円軌道から有意にずれていて，ケプラーの第1法則のきっかけになったそうです．最近，続々みつかっている系外惑星の離心率に 0.2 などはざらにあるようです．
春樹 火星の場合も，値が大きいとはいえ，みた目には軌道はほとんど円ですね．ティコ・ブラーエの観測の精度はたいしたものですね．$e > 1$ の場合は考えられないのですか．
先生 よいところに気づきました．$e > 1$ の場合に軌道は双曲線になりエネルギーは正で，$e = 1$ の場合には放物線になりエネルギーはゼロです．彗星の軌道のなかにはそのようなものがあります．2013 年のアイソン彗星は放物線軌道をとったといわれてます．
香織 第3法則のいっていることは T^2/A^3 が離心率によらない，ということなのですね．

2.3 プリンキピア

香織 先生がおっしゃったことが，ニュートンの『プリンキピア』に書いてあるのですか？
先生 私も原著は読んでいないのですが（笑），ニュートンは作図法により，ケプラーの法則から万有引力をまず導いているそうです．次に，逆をたどれば，万有引力からケプラーの法則が導けると短く書いています [2]．

2.4 保存則

香織 角運動量とエネルギーが保存することを証明できますか？
先生 はい，運動方程式から直接，次のように示すことができます．まず，角運動量 $\boldsymbol{L} = \boldsymbol{r} \times \dot{\boldsymbol{r}}$ を時間 t で微分すると右辺は

$$\frac{d\boldsymbol{L}}{dt} = \dot{\boldsymbol{r}} \times \dot{\boldsymbol{r}} + \boldsymbol{r} \times \ddot{\boldsymbol{r}} = \boldsymbol{r} \times \ddot{\boldsymbol{r}} \tag{2.16}$$

となります．ここで運動方程式を用いると右辺は

$$\frac{GM}{r^3} \boldsymbol{r} \times \boldsymbol{r} = 0 \tag{2.17}$$

となるので，角運動量 L は保存することが示されます。ここで力が動径ベクトル r に比例する中心力であることが本質的でした。

次にエネルギーを時間 t で微分すると

$$\frac{dE}{dt} = \dot{r} \cdot \ddot{r} + \dot{r} \cdot \frac{GMr}{r^3} \tag{2.18}$$

となり，運動方程式を用いると右辺がゼロになることが示されます。

2.5 このさい聞いておこう

春樹 ずっと気になっていたのですが，ケプラーの3法則は惑星の質量によらないのですか？

先生 よい質問です。これまでのお話では，簡単化のために，太陽の質量が惑星の質量よりも圧倒的に大きいという近似を使っています。正確にいうと，惑星の軌道は，惑星と太陽の重心を焦点の1つとする楕円です。また，面積速度もその重心に対して定義したものです。第3法則の右辺に出てくる量は太陽質量を太陽質量と惑星質量の和におき換えなければなりません。

香織 ポテンシャルが $1/r$ の場合に，軌道が閉じる理由を教えてください。

先生 ポテンシャルが $1/r$ の場合は特別で，レンツベクトルという保存量 $K := \dot{r} \times L - GMr/r$ があります。近日点で，レンツベクトルは長軸の方向を向いています。したがって，長軸は変化しません。（レンツベクトルの大きさの方は，E と L^2 で表されるので独立な保存量ではありません。）

2.6 まとめ

最後に先生は黒板に以下のように議論のまとめを書きました。

(1) 角運動量の保存則から，惑星の軌道が平面内にあり，面積速度が一定であることが導かれる。

(2) (1) とエネルギー保存則を組み合わせると，万有引力の場合に軌道が閉じて，太陽を焦点の1つとした楕円であることが示される。

(3) 第 3 法則は (2) からの帰結で，T^2/A^3 は離心率によらない定数である。

参考文献

[1] L. D. ランダウ，E. M. リフシッツ：『ランダウ–リフシッツ物理学教程 力学』（広重 徹，水戸 巌 訳）東京図書 (1986).

[2] 和田純夫：『プリンキピアを読む』(ブルーバックス) 講談社 (2009).

[3] 山本義隆，中村孔一：『解析力学 I』朝倉書店 (1998), p. 193.

第 3 章

作用原理

　先生は，授業のはじめに次のことを話しました。

　力学はニュートンの3法則で尽きているといってよいのですが，その後ラグランジュ（J.-L. Lagrange），オイラー（L. Euler）たちによって解析力学とよばれる理論的な整備が進みました。その出発点になったのは幾何光学におけるフェルマー（P. de Fermat）の原理でした。まずフェルマーの最短時間の原理からお話をはじめましょう。そういって，黒板に次のことを書きました[1]。

　フェルマーは幾何光学における諸法則が

　　　　　　光は所要時間が最小になるような経路をとる

　という「最小時間の原理」にまとめられることを示した。

春樹　例を挙げてください。
先生　フェルマーの原理の簡単な適用として，反射の法則と屈折の法則（Snell's law）を考えましょう。

---

[1] 歴史的には，以下のようなことらしい。ヘレニズム時代にアレクサンドリアのヘロン（Heron）が光の反射の問題に対して「最小距離の原理」を述べていた。フェルマーはこれを「最小時間の原理」といい直して屈折の法則に応用した。これは，自然が経済的な経路を通るという意味で興味をもたれたのであろう。

3.1 反射の法則

先生 光線が，点 A から進み鏡によって反射されて点 B まで到達する最短の経路は作図で理解できます。反射する点を P とし，点 B の鏡像を B′ とすると経路 APB の距離と経路 APB′ の距離は等しくなります。一方，A から B′ に達する最短距離は直線であるので点 P は直線 AB′ と鏡の交点です。簡単な幾何学で入射角と反射角が等しいことが証明できます。

春樹 これはわかりやすいですが，原理のありがたみがいまひとつです。

3.2 屈折の法則

先生 フェルマーの原理を屈折の法則に適用する気持ちをまずいいましょう。真空中の方が光は速く進むのである程度長く真空中を走り，遅くしか進めない媒体中に走る距離を少な目にすると全所要時間を短くできるだろう。ただこれをやりすぎると，光は遠回りをすることになるのでほどほどにする必要がある，ということです。これを定量化するために，光が真空と媒質の境界面をよぎる点 P の座標を変数 x として，全所要時間 $T = T(x)$ を x の関数として表し x をさまざま変えてみて，$T(x)$ の最小値を与える x を求めましょう。

全所要時間 $T = T(x)$ は，

$$T(x) = \frac{\sqrt{x^2 + y_1^2}}{c} + \frac{\sqrt{(L-x)^2 + y_2^2}}{c'}$$
$$= \frac{1}{c}\left[\sqrt{x^2 + y_1^2} + n\sqrt{(L-x)^2 + y_2^2}\right] \tag{3.1}$$

と与えられるので，その最小値を求めるために極値を調べましょう。関数の極値はその微係数をゼロとおいて得られるので，

$$\frac{dT(x)}{dx} = \frac{1}{c}\left[\frac{x}{\sqrt{x^2 + y_1^2}} - n\frac{L-x}{\sqrt{(L-x)^2 + y_2^2}}\right]$$
$$= \frac{1}{c}(\sin\theta_1 - n\sin\theta_2) = 0. \tag{3.2}$$

ここに，θ_1 と θ_2 は，おのおの真空中の光線と媒質中の光線の鉛直線に対してなす角度です。それぞれ，入射角，屈折角とよばれます。上式を x について解いて x を求めてもよいのですが，むしろ同じ内容を屈折角で表すかたち

がSnellの屈折の法則としてよく知られているので，なじみがあるでしょう。

$$\frac{\sin\theta_1}{\sin\theta_2} = n \tag{3.3}$$

香織 これが，極値であることはわかったのですが，最小であることは確かでしょうか？

先生 確かにそうです。$T(x)$の2回微分が点Pで正であることを確かめてください。

　幾何光学は反射と屈折の組み合わせで考えることができますから，フェルマーの原理で説明できることになります。

香織 始点と終点を与えて，途中どこを通るかという問題設定なのですね。素朴な疑問ですが，光は自分が通っている経路が最短時間であることをどうやって知ることができるのでしょうか？

先生 よい質問です。それについては最小作用の原理をお話した後で一括してお答えしましょう。力学法則を光学におけるフェルマーの原理のようなかたちにまとめられないか，と考えた人がいてそれに対してラグランジュやオイラーが与えた答えを黒板に書きましょう。所用時間のかわりに作用Sを導入します。

ラグランジアン $L = L(q, \dot{q}, t)$ を一般化座標 q，その時間微分 $\dot{q}$ の関数および時間 t の関数として与えたときに，作用 S をラグランジアン L の時間積分

$$S = \int_{t_1}^{t_2} L \, dt \tag{3.4}$$

で書けると仮定する。上式において，経路 $q(t)$ はさまざまに変わる可能性があるものとする [1]。

春樹 最小化するSの物理的な意味は何ですか？

先生 解析力学の範囲では抽象的なままです。一番後に量子力学の視点からみましょう。しばらく我慢してください。さて，出発点$q(t_1)$と終着点$q(t_2)$を固定して，途中さまざまな経路に対して作用積分$S[q]$の値を考えるのです

が，とくに経路 $\bar{q}$ と微小に異なる経路 $q = \bar{q} + \delta q$ を考えましょう。ここに δq は，出発点 $q(t_1)$ と終着点 $q(t_2)$ を動かさないような微小ではあるが任意の時間の関数です。

作用の変化分は部分積分を用いると，

$$\delta S := \int_{t_1}^{t_2} dt [L(\bar{q} + \delta q) - L(\bar{q})]$$
$$= \int_{t_1}^{t_2} dt \left[\frac{\partial L}{\partial \bar{q}} - \frac{d}{dt}\left(\frac{\partial L}{\partial \dot{\bar{q}}}\right) \right] \delta q + \left[\frac{\partial L}{\partial \dot{\bar{q}}} \delta q \right]_{t_1}^{t_2} + \cdots$$

となります。

ここで，作用 S が $\bar{q}$ において，停留値をとること $\delta S = 0$ を要求しましょう。$\delta q(t_1) = \delta q(t_2) = 0$ を使えば，右辺の積分は

$$\int_{t_1}^{t_2} dt [\cdots] \delta q \tag{3.5}$$

となります。これが任意関数 δq に対してゼロとなるためには被積分関数の括弧の中 $[\cdots]$ がゼロ，すなわち

$$\frac{d}{dt}\left(\frac{\partial L}{\partial \dot{\bar{q}}}\right) - \frac{\partial L}{\partial \bar{q}} = 0 \tag{3.6}$$

が導かれます。

これはオイラー–ラグランジュ方程式とよばれる解析力学における中心的な方程式です。

春樹 オイラー–ラグランジュ方程式とニュートンの運動方程式の関係がみえません。

先生 質点の力学の場合に，オイラー–ラグランジュ方程式がニュートンの方程式を与えます。

香織 そもそも，ラグランジアンをどう選ぶのでしょうか？

先生 ラグランジアンは系がもっている対称性からかたちを決めて行きます。決めきれないパラメーターは実験で決定します。自由運動をする質点の場合を例にとりましょう。自由粒子の位置ベクトルを $\boldsymbol{x}$，速度ベクトルを $\boldsymbol{v}$ とします。空間の一様性を要請するとラグランジアンは $\boldsymbol{x}$ によらない。さらに回転対称性も要求すると $\boldsymbol{v}^2$ の関数でしょう。速度が大きくない場合に，テイラー

展開をして $L(\boldsymbol{v}^2) = L(0) + m\boldsymbol{v}^2/2 + \cdots$ としましょう。m は微係数ですが，後で質量の意味をもちます。第 1 項の定数項は定数なのでオイラー–ラグランジュ方程式には現れないので無視し，第 2 項までに留めましょう。結局，

$$L = \frac{m\boldsymbol{v}^2}{2} \tag{3.7}$$

このラグランジアンに対してオイラー–ラグランジュ方程式を立てると

$$\frac{\mathrm{d}}{\mathrm{d}t}\left(\frac{\partial L}{\partial \dot{\boldsymbol{x}}}\right) - \frac{\partial L}{\partial \boldsymbol{x}} = \frac{\mathrm{d}}{\mathrm{d}t}\left(\frac{\partial L}{\partial \boldsymbol{v}}\right) = m\frac{\mathrm{d}\boldsymbol{v}}{\mathrm{d}t} = 0 \tag{3.8}$$

となり，自由粒子の等速運動を与えます。

春樹 力はどこから現れるのですか？

先生 外力が働くときには空間の一様性はもはやなく，ラグランジアンが位置座標 $\boldsymbol{x}$ に依存してもよいので，簡単のために $\boldsymbol{x}$ の関数 $-V(\boldsymbol{x})$ をラグランジアンにつけ加えて

$$L = \frac{m\boldsymbol{v}^2}{2} - V(\boldsymbol{x}) \tag{3.9}$$

としましょう。オイラー–ラグランジュ方程式は

$$\frac{\mathrm{d}}{\mathrm{d}t}\left(\frac{\partial L}{\partial \dot{\boldsymbol{x}}}\right) - \frac{\partial L}{\partial \boldsymbol{x}} = \frac{\mathrm{d}}{\mathrm{d}t}\left(\frac{\partial L}{\partial \boldsymbol{v}}\right) + \frac{\partial V}{\partial \boldsymbol{x}} = m\frac{\mathrm{d}\boldsymbol{v}}{\mathrm{d}t} + \frac{\partial V}{\partial \boldsymbol{x}} = 0 \tag{3.10}$$

となり，V をポテンシャルとするニュートンの運動方程式になります。

香織 テイラー展開をして 1 次に留めたところが気になります。ニュートンの方程式は速度が小さいときに成り立つ近似式に過ぎないのでしょうか？

先生 まさにそうなのです。実際に相対論的粒子の場合には

$$L = -mc^2\sqrt{1 - \frac{v^2}{c^2}}$$

となり，テイラー展開をすると 4 次，6 次と続きます。この平方根のかたちはローレンツ不変性というさらに高い対称性を課して決まります。

香織 解析力学の気持ちがみえてきました。系の対称性から許されるかたちを課し，必要ならある近似をしたもので，決まらない定数は実験で決める，ということなのですね。

先生 そのとおりです。実験結果を整理してその中からさらに高い対称性を発見する，という道筋です。

春樹 解析力学の実用的な利点は何でしょうか？

——先生は黒板に次のリストを書きました。

> 次に掲げる理論的な利点がある。
> (0) 1個のスカラー関数 $L = L(q, \dot{q}, t)$ によって力学を特徴づけることができる。
> (1) 座標 q はデカルト座標に限らず，自由に選べる。
> (2) ネーターの定理を用いて，保存量を見つけることが容易である。

香織 最小作用の原理では，フェルマーの原理と同様に始点と終点を与えて途中の経路いかん，という問題の立て方をします。一方，運動方程式は初期値と初速度を与えて，終点がどこになるか調べますよね。考え方が一貫していないように思うのですが。

先生 うーん。意外な質問です。じつはニュートン方程式を始点と終点を与えて解くこともあり得ると思います。たとえば，砲弾を敵に命中させるにはどの速度をどうすればよいのか，という問題です。単にそういう問題がより少ないだけだと思います。

春樹 最小作用といっていますが，実際には極値条件しか使っていませんが。

先生 そうですね，名前がよくありませんが，慣習になっています。

香織 そもそも，最小作用の原理の根拠は何なのでしょうか？

先生 古典力学の範囲では，「原理」であって他の理論から導出できませんが，量子力学までいくと，最小作用の原理近似として導出されます。量子力学では，波動は空間のすべての点を伝播するのですが，位相がそろっている経路が強調され，それが古典粒子の経路になります。そこで，ラグランジアンは波動関数の位相にプランク定数 $\hbar$ を掛けたものと同一視されます。

春樹 摩擦のある系などにも適用できるのでしょうか？

先生 通常摩擦のある系に最小作用の原理を用いないのですが，可能ではあります。たとえば，運動エネルギーの項に，あらわに時間 t に依存する $e^{\alpha t}$ を掛けておくと，速度に比例する力を導くことができます。また，クーロン

の法則（摩擦力が速度と反対方向に働く）は，速度の大きさ $|\boldsymbol{v}|$ に比例する項から導けます。しかし，どういう意味があるかはわかりません。

香織 ラグランジアンから導けない力は知られていますか？

先生 はい。非ホロノーム系といわれるもので速度と座標の両方による拘束条件が入っている系です。たとえば，床を転がる 100 円玉の運動がそれにあたります。

春樹 解析力学のような形式的な分野が重要な理由は何でしょうか？

先生 それは，量子力学への道筋を与えるからです。ラグランジアンをプランク定数で割った量を位相因子として，始点と終点を結ぶすべての経路について和をとったものが，波動関数になっています。その中で，干渉効果により位相がそろう経路からの波の総和が強調されます。これは作用が停留値をとることにほかなりません。

香織 最小作用の原理が，その後に出てきた量子力学によって裏づけられたのですね。

春樹 力学以外，たとえば電磁気学にも適用されますか？

先生 はい。素粒子の場の理論では重力場を含むすべての場に対するラグランジアンを対称性と実験データで書き上げていて，標準理論としています。さらに，その背後に高い対称性があると予想してすべての相互作用を統一的に記述しようとしています。

3.3 まとめ

先生は，黒板に以下のことを書いて授業を終えました。

ラグランジアンの時間積分として作用を表し，それが停留値をとる経路が実現される。

系のもつ対称性でラグランジアンのかたちを絞り込み，残ったパラメーターを実験で決める。

変数の選択が任意で，保存量を見いだすのに強力で，量子力学への移行の道筋を与える。

参考文献

[1] L. D. ランダウ, E. M. リフシッツ:『ランダウ–リフシッツ物理学教程 力学』（広重　徹, 水戸　巌 訳）東京図書（1986）.

[2] 大貫義郎:『解析力学』岩波書店（2010）.

第 4 章

対称性と保存則：ネーターの定理

先生 保存則は物理学において重要な役割をしています。代表的な保存量はエネルギー，運動量，角運動量ですが，それぞれ系のもつ時空的な対称性と関係があります。じつはもっと一般的に，保存量と対称性について美しい定理が成り立ちます。

——ここまで話したところで，先生は黒板に次のことを書きました。

ネーターの定理

物理系に対称性があれば，それに対応する保存量がある。
作用
$$S = \int_{t_1}^{t_2} L(q_1,\cdots,q_s;\dot{q}_1,\cdots,\dot{q}_s;t)\mathrm{d}t \tag{4.1}$$
が，微小変換 $q_i \to q_i + \delta q_i$,
$$\delta q_i = \sum_{a=1}^{K} f_{ia}(q)\epsilon_a$$
に対して不変なとき，ネーター荷電
$$Q_a = \sum_i \frac{\partial L}{\partial \dot{q}_i} f_{ia}(q)$$
は保存する[1][1]。

ここに，$\epsilon_a\ (a=1,\cdots,K)$ は K 個の微小パラメーターである。

---

[1] 添字なしの q は $q_1, q_2, \cdots, q_s$ を一括して表すものとする（以下同様）。

26　第4章　対称性と保存則：ネーターの定理

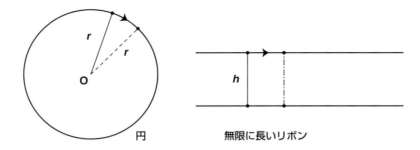

図 4.1 円と無限に長いリボン。円は O を中心とした微小回転に対して不変であり，無限に長いリボンは長さ方向の微小並進に対して不変である。

4.1　系の対称性

春樹　対称性とはどういう意味でしょうか？　例を挙げて説明してくださるとイメージが湧くのですが。

先生　それでは，回転対称性と並進対称性の例で説明しましょう。図 4.1 にあるように，原点 O のまわりに半径 r の円を描きましょう。この図形は，原点を中心として少し回転しても元の図形と重なります。これをもって，円は原点のまわりに回転対称であるといいます。もう 1 つの例として，幅 h の無限に長いリボンを考えましょう。このリボンを長さの方向に少しずらしても，図形として同じなので，並進対称性をもつといいます。

香織　両方の例で，「少し」というところが大事なのですか。

先生　そのとおりです。正三角形は中心のまわりの 120 度回転に対して対称ですが，連続的な回転に対しては対称ではありません。ネーターの定理が問題にするものは連続的な対称性です。

香織　連続的な対称性のイメージは，かなりはっきりしました。円の場合は半径 r という幾何学量が回転に対して変わらず，リボンの場合には幅 h が並進に対して不変量になっています。でも先生が黒板に書かれたのは力学系の対称性のことですから，力学的に定義された物理量を指定する必要がありそうです。

先生　そのとおりです。その量が前回に導入したラグランジアンなのです。解析力学ではラグランジアンを与えれば系が決まるので [2]，系の対称性とは

ラグランジアンのもつ対称性のことです。ネーターの定理は，系のラグランジアンが連続的な対称性をもつならば，それに対応した保存量がある，と主張しています。

4.2　保存量

春樹　保存量というのは，時間的に一定になる量という意味ですか？
先生　はい，そのとおりです。時間微分するとゼロとなる量，というのが数式上の定義です。
春樹　エネルギー，運動量，角運動量に対応する対称性はそれぞれ何か教えてください。
先生　エネルギーはラグランジアンが時間をあらわに含まない場合，つまり時間並進に対して不変の場合に保存します。空間的に一様な場合には運動量が保存し，空間的に等方の場合に角運動量が保存します。くだけたいい方をすれば，今日の力学と明日の力学が同じならエネルギー保存則が成り立ちます。実験する場所を並進移動しても本質的に何も変わらない状況だと運動量が保存します。最後に測定装置をぐるっと回しても状況が変わらないと角運動量が保存します。惑星の運動の場合は太陽を中心に回転しても状況が変わりませんから，角運動量が保存します。第2章の「ケプラーの法則と万有引力」のところでみたように，角運動量保存則は軌道が平面内にあることと，面積速度一定の法則を導くために重要でした。
香織　対称性という幾何学的で直観的に把握しやすいものから，実験的に検証できる保存則が予想できるというのは素敵ですね。
先生　ネーターの定理を一般的に証明する前に，エネルギー，運動量，角運動量を1つずつみていきましょう。

4.3　エネルギー保存則

先生　エネルギー E を

$$E := \sum_i \frac{\partial L}{\partial \dot{q}_i} \dot{q}_i - L$$

と定義しましょう。L は $L = L(q, \dot{q}, t)$ とします。この E が保存することは

$$\begin{aligned}
\frac{\mathrm{d}E}{\mathrm{d}t} &= \sum_i \frac{\mathrm{d}}{\mathrm{d}t}\left(\frac{\partial L}{\partial \dot{q}_i}\right)\dot{q}_i + \frac{\partial L}{\partial \dot{q}_i}\ddot{q}_i - \left(\frac{\partial L}{\partial \dot{q}_i}\ddot{q}_i + \frac{\partial L}{\partial q_i}\dot{q}_i\right) - \frac{\partial L}{\partial t} \\
&= \sum_i \left[\frac{\mathrm{d}}{\mathrm{d}t}\left(\frac{\partial L}{\partial \dot{q}_i}\right) - \frac{\partial L}{\partial q_i}\right]\dot{q}_i - \frac{\partial L}{\partial t} \\
&= -\frac{\partial L}{\partial t} = 0
\end{aligned}$$

からわかります。ここで 2 行目から 3 行目に移るのに運動方程式を用いました。また，3 行目でラグランジアンが時間をあらわに含まないという，時間並進対称性を用いました。

　以上を 1 質点の場合に具体的に書いてみましょう。質点の位置ベクトル $\boldsymbol{r}$ をデカルト座標で表すと，ポテンシャル $V(\boldsymbol{r})$ 中を運動する場合のラグランジアンは

$$L = \frac{1}{2}m\dot{\boldsymbol{r}}^2 - V(\boldsymbol{r})$$

となります。このとき，エネルギー E は

$$\begin{aligned}
E &= \frac{\partial L}{\partial \dot{\boldsymbol{r}}}\cdot\dot{\boldsymbol{r}} - L \\
&= m\dot{\boldsymbol{r}}\cdot\dot{\boldsymbol{r}} - \left(\frac{1}{2}m\dot{\boldsymbol{r}}^2 - V(\boldsymbol{r})\right) \\
&= \frac{1}{2}m\dot{\boldsymbol{r}}^2 + V(\boldsymbol{r})
\end{aligned}$$

のように，運動エネルギー $m\dot{\boldsymbol{r}}^2/2$ とポテンシャルエネルギー V の和で表されます。よく知られた式ですね。

春樹　ラグランジアンは（運動エネルギー）−（ポテンシャルエネルギー）で，エネルギーは（運動エネルギー）＋（ポテンシャルエネルギー）なのですね。

先生　上の例では，たまたまそうですが，一般的にはそうではありません。たとえば，電磁場中の荷電粒子に対するエネルギーはそうなっていません。

4.4　運動量保存則

先生　エネルギー E を空間が一様であるということを数学的に表現しましょ

う。r_i ($i = 1, 2, \cdots, N$) を i 番目の粒子の位置を表すデカルト座標として，すべての粒子に一様な（時間によらない）変位

$$r_i \to r_i + \epsilon \qquad (\delta r_i = \epsilon) \tag{4.2}$$

を考えましょう。ラグランジアンが上記の一様かつ時間的に一定な変位に対して不変なとき，

$$\delta L = \sum_i \frac{\partial L}{\partial r_i} \cdot \delta r_i = \epsilon \cdot \sum_i \frac{\partial L}{\partial r_i} = 0 \tag{4.3}$$

ここで，ϵ は任意なので，式 (4.3) は

$$\sum_i \frac{\partial L}{\partial r_i} = 0 \tag{4.4}$$

を意味します。

ここで，全運動量 P を

$$P := \sum_i \frac{\partial L}{\partial \dot{r}_i} \tag{4.5}$$

と定義しましょう。P の時間変化は運動方程式を用いると，

$$\frac{dP}{dt} = \sum_i \frac{d}{dt}\left(\frac{\partial L}{\partial \dot{r}_i}\right) = \sum_i \frac{\partial L}{\partial r_i} = 0 \tag{4.6}$$

となります。最後のステップに式 (4.3) の一様性を用いました。これは運動量保存を意味します。

4.5 角運動量保存則

先生 系が等方的であるとは，系のラグランジアンが回転に対して不変であることです。微小回転 $\delta \phi$ による微小変移 δr は，ベクトル積 × を用いて，

$$\delta r = \delta \phi \times r$$

と表されます[2]。

微小回転に対してラグランジアンは不変と仮定したので，

---

[2] ベクトル $\delta\phi$ は，大きさが微小角度 $\delta\phi$ で方向が回転軸を向いているベクトルとして定義する。

$$0 = \delta L = \sum_i \left(\frac{\partial L}{\partial \boldsymbol{r}_i} \delta \boldsymbol{r}_i + \frac{\partial L}{\partial \dot{\boldsymbol{r}}_i} \delta \dot{\boldsymbol{r}}_i \right)$$

$$= \sum_i \left[\frac{\mathrm{d}}{\mathrm{d}t} \left(\frac{\partial L}{\partial \dot{\boldsymbol{r}}_i} \right) \delta \boldsymbol{r}_i + \frac{\partial L}{\partial \dot{\boldsymbol{r}}_i} \delta \dot{\boldsymbol{r}}_i \right]$$

$$= \frac{\mathrm{d}}{\mathrm{d}t} \left(\sum_i \boldsymbol{p}_i \cdot \delta \boldsymbol{r}_i \right) = \frac{\mathrm{d}}{\mathrm{d}t} \left(\sum_i \boldsymbol{p}_i \cdot \delta \boldsymbol{\phi} \times \boldsymbol{r}_i \right)$$

$$= \delta \boldsymbol{\phi} \cdot \frac{\mathrm{d}}{\mathrm{d}t} \left(\sum_i \boldsymbol{r}_i \times \boldsymbol{p}_i \right)$$

が成り立ちます．ここで，i 番目の粒子の運動量の定義 $\boldsymbol{p}_i = \partial L / \partial \dot{\boldsymbol{r}}_i$ とベクトル解析の公式 $\boldsymbol{a} \cdot (\boldsymbol{b} \times \boldsymbol{c}) = \boldsymbol{b} \cdot (\boldsymbol{c} \times \boldsymbol{a})$ を用いました．$\delta \boldsymbol{\phi}$ は任意だから，

$$\frac{\mathrm{d}}{\mathrm{d}t} \left(\sum_i \boldsymbol{r}_i \times \boldsymbol{p}_i \right) = 0$$

が成立します．したがって，全角運動量 $\boldsymbol{L}$ を

$$\boldsymbol{L} := \sum_i \boldsymbol{r}_i \times \boldsymbol{p}_i$$

と定義すれば全角運動量 $\boldsymbol{L}$ の保存則が証明されたことになります．

香織 解析力学の長所の１つが，座標のとり方の自由にあったのに，保存量の表式がデカルト座標に限られるのは窮屈ですね．

先生 次にネーターの定理の原型である一般論を考えましょう．そこでは，保存量がネーター荷電として，一般座標で与えられます．それは不変変分論といって，一般に系のもつ連続的な対称性があれば対応して保存量があることを，ドイツの女性数学者ネーター（A. E. Noether）が証明しました．

コラム　ネーターの定理の証明

対称変換 δq_i に対して，作用が不変であることを式に書いてみると

$$0 = \delta S = \int_{t_1}^{t_2} \mathrm{d}t \sum_i \left(\frac{\partial L}{\partial q_i} \delta q_i + \frac{\partial L}{\partial \dot{q}_i} \delta \dot{q}_i \right)$$

となる．

第２項を部分積分すると

$$0 = \int_{t_1}^{t_2} dt \sum_i \left(\frac{\partial L}{\partial q_i} - \frac{d}{dt} \frac{\partial L}{\partial \dot{q}_i} \right) \delta q_i + \left[\sum_i \frac{\partial L}{\partial \dot{q}_i} \delta q_i \right]_{t_1}^{t_2}$$

となる。右辺の第1項は運動方程式によりゼロになる。

$$\delta q_i = \sum_{a=1}^{K} f_{ia} \epsilon_a$$

を代入すれば第2項は

$$\left[\sum_{a=1}^{N} \epsilon_a \left(\sum_i \frac{\partial L}{\partial \dot{q}_i} f_{ia} \right) \right]_{t_1}^{t_2}$$

となる。はじめの時刻 t_1 とおわりの時刻 t_2 は任意だから，第2項がゼロであるということは，

$$\sum_{a=1}^{N} \epsilon_a \left(\sum_i \frac{\partial L}{\partial \dot{q}_i} f_{ia} \right)$$

が時間によらないことを意味する。さらに，微小変換のパラメーター ϵ_a も任意だったので

$$Q_a = \sum_i \frac{\partial L}{\partial \dot{q}_i} f_{ia}(q) \quad (a = 1, \cdots, N)$$

が時間によらず保存することが示された。

(証明終)

香織 3回目の「作用原理」のときの説明と似ているようで違いますね。作用原理からオイラー–ラグランジュ方程式を導くときには，微小パラメーター ϵ_a は，はじめとおわりの時刻でゼロとして導きました。

先生 よいところに気づきましたね。ネーターの定理においては粒子の位置座標はオイラー–ラグランジュ方程式を満たすとしています。その一方，ϵ_a の時間の両端でゼロでなく任意であることを前提としています。

春樹 ネーター荷電の特殊な場合が，エネルギー，運動量，角運動量なのですか？

先生 そのとおりです。$f_{ia}(q) = \delta_{ia}$（クロネッカーデルタ[3]）のときには，運動量を表します。

春樹 エネルギーと角運動量の場合はどうなるのですか？

先生 演習問題にしておきます（笑）。角運動量の方はすぐわかると思いますが，エネルギーの方は工夫が必要です。

4.6 このさい聞いておこう

香織 ネーターの定理の逆は成り立つのでしょうか？ つまり，保存量があれば対称性があるのでしょうか？

先生 逆は必ずしも成り立ちません。たとえば，ひも状の物体が無限に長い針金に n 回巻きついているときには，運動をしても巻数 n は変わりません。このトポロジカルな保存量は対称性と無関係です。

香織 先生ははじめの方ではラグランジアンの対称性を扱い，定理のところでは作用の対称性を前提としました。同じことではないと思うのですがいかがでしょうか？

先生 鋭い指摘です。古典力学の根本に戻ると，運動方程式，つまりオイラー–ラグランジュ方程式が対称変換に対して不変であればよいわけです。その対称変換に対して，作用が不変でなく時間の両端におけるある量だけおつりが出ても運動方程式は変わりません。これはラグランジアンに時間について全微分の項が追加されることと同じです。ネーターの定理は少しだけ修正を受けます。

香織 ネーター荷電が変更されるのですね。

先生 はい，そのおつり

$$\delta S = \left[\sum_i \frac{\partial K}{\partial q_i} \delta q_i\right]_{t_1}^{t_2}$$

を定理の証明の左辺とすると，ネーター荷電に $-\sum_i (\partial K/\partial q_i) f_{ia}$ に加える

---
[3] クロネッカーのデルタ記号 δ_{ia} は，i と a が一致するときに 1，異なるときに 0 の値をとる。

必要があります。

春樹 ネーターの定理は物理に役立ったのですか？

先生 はい，とくに素粒子論と場の理論のモデルづくりに重要な役割を果たしました。対称性から予言される保存則を実験的に検証することをくり返してきました。そして，新しい保存量を担う素粒子を発見してきました。

4.7 まとめ

先生は，黒板に次のことを書いて授業を終えました。

> 系を記述するラグランジアンに連続的な対称性があれば，ネーターの定理に従って，それに対応する保存量を明示的に構成できる。

参考文献

[1] 大貫義郎：『解析力学』岩波書店（2010）.

[2] L. D. ランダウ，E. M. リフシッツ：『ランダウ-リフシッツ物理学教程 力学』（広重 徹，水戸 巌訳）東京図書（1986）.

第 5 章

マクスウェルの方程式

先生は授業のはじめに黒板に次のことを書きました。

電磁気学の基本方程式であるマクスウェル（J. C. Maxwell）の方程式は，電場 $\boldsymbol{E}$，磁束密度 $\boldsymbol{B}$ を基本変数として

$$\operatorname{div} \boldsymbol{D} = \rho \tag{5.1}$$

$$\operatorname{div} \boldsymbol{B} = 0 \tag{5.2}$$

$$\frac{\partial \boldsymbol{B}}{\partial t} + \operatorname{rot} \boldsymbol{E} = 0 \tag{5.3}$$

$$-\frac{\partial \boldsymbol{D}}{\partial t} + \operatorname{rot} \boldsymbol{H} = \boldsymbol{j} \tag{5.4}$$

と表される[1]。ρ，$\boldsymbol{j}$ はそれぞれ電荷密度と電流密度である。真空中の場合には，ϵ_0 を真空の誘電率として電束密度 $\boldsymbol{D} = \epsilon_0 \boldsymbol{E}$ を，μ_0 を真空の透磁率として磁場 $\boldsymbol{H} = \boldsymbol{B}/\mu_0$ をそれぞれ 2 次的変数として導入した。物質中では，簡単な場合には誘電率を ϵ として $\boldsymbol{D} = \epsilon \boldsymbol{E}$，透磁率を μ とすると，$\boldsymbol{H} = \boldsymbol{B}/\mu$ とすることが多いが，一般には複雑である。

---

[1] $\operatorname{div} \boldsymbol{D} := \dfrac{\partial D_x}{\partial x} + \dfrac{\partial D_y}{\partial y} + \dfrac{\partial D_z}{\partial z}$, $\quad \operatorname{rot}_z \boldsymbol{E} := \dfrac{\partial E_y}{\partial x} - \dfrac{\partial E_x}{\partial y}$
（x, y, z についての循環）

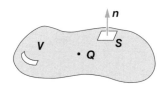

図 5.1 ガウスの法則。電荷 Q が体積領域 V の内部にある。V を囲む平曲面 S の外向きの法線を n とする。

5.1 マクスウェル方程式の物理的意味

春樹 4本の式それぞれに対応して，実験的に検証できる物理現象を挙げてください。

先生 大学院入試の口頭試問みたいですね（笑）。

　まず，式 (5.1) ですが，両辺をある体積領域 V について積分すると，ベクトル解析におけるガウスの定理によって左辺は境界 S の面積積分になり，右辺は領域 V 内部の電荷の総量 Q になります（図 5.1）。すなわち，

$$\int_S D_n \mathrm{d}S = Q \tag{5.5}$$

となります。ここに，D_n は電束密度の境界面に対する外向きの法線成分です。

　電荷から出てくる電気力線を電荷の大きさに比例した本数で描いてみると，積分の左辺は面 S を貫く電気力線の総数になっていて右辺に一致します。それが，どんな閉曲面 S を選んでも成り立っているところが美しいですね。

春樹 簡単な場合に説明していただけますか？

先生 とくに，図 5.2 のように V を半径 r の球の領域として，その中心に電荷 Q がある場合を考えると，式 (5.5) は，$4\pi r^2 D = Q$ を表し，電荷 Q のつくる電束密度 D に対するクーロン（C. A. de Coulomb）の法則 $D = Q/4\pi r^2$ にほかなりません。第 1 式は物理的にはクーロンの法則と同値ですが，ガウス（C. F. Gauss）の法則とよばれます。

香織 式 (5.5) の左辺では，クーロンによる距離の逆 2 乗則と，球の面積が距離の 2 乗に比例することが相殺しています。これが，積分の式が任意の閉曲面 S に対して成り立っている本質的な理由でしょうか？

先生 まさに，そのとおりです。第 2 式も同様で，磁荷が存在しないという

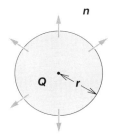

図 5.2 クーロンの法則。電荷 Q が半径 r の球の内部にある。D_n は電束密度 D の法線成分。

経験事実を述べています。電場と違って，磁場には吸い込み口も湧き出し口もないということを表しています。その積分形

$$\int_S B_n \mathrm{d}S = 0$$

は磁荷が存在しないという事実を述べています。

春樹 磁荷が存在しないことは理論的に証明できるのですか？

先生 いいえ，単に実験事実です。ディラック（P. A. M. Dirac）が，単磁極の理論をつくり，多くの実験家が単磁極探しをしたのですが，みつかりませんでした。

香織 式 (5.3)，式 (5.4) は時間微分が入っていて，式 (5.1)，式 (5.2) とは趣が違いますね。

先生 図 5.3 を参照しながら式 (5.3) の両辺を閉曲線 C を見込む面 S について積分すると，ストークス（G. G. Stokes）の定理により，

$$-\frac{\partial \Phi}{\partial t} + \int_C E_\mathrm{t} \mathrm{d}l = 0.$$

ここに，$\Phi = \int_S B_n \mathrm{d}S$ は面積領域 S を貫く磁束です。E_t は電場 E の C への接線成分です。したがって，$\int_C E_\mathrm{t} \mathrm{d}l$ は閉回路に生じる起電力なので，磁束の時間変化が起電力に等しいとするファラデー（M. Faraday）の電磁誘導の法則になります。

春樹 閉曲線 C を見込む面 S の向きが大事そうです。どうやって指定すればよいのですか？

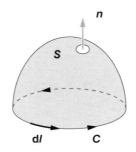

図 5.3 ストークスの定理。右回りの閉曲線 C を見込む面 S に外向きの法線を n とする。

先生 図5.3のように，閉曲線 C を右に回ると，それを見込む面 S を内側から外側に貫く「右ねじ」の約束に従ってください。

第4式も同様にすると，右辺は面 S を貫く電流 I となり，

$$\int_C B_t \mathrm{d}l + \frac{\partial}{\partial t}\int_S D_n \mathrm{d}S = I$$

と書けます。アンペールの法則に「変位電流」とよばれる第2項がつけ加わったアンペール–マクスウェルの法則になります。とくに，静的な場合，変位電流はゼロで，電流から半径 r だけ離れた位置の磁束密度は $B = I/2\pi r$ となり，アンペール（A. M. Ampére）の法則の初等的な場合に帰着します。

5.2 電場と磁場は物理的実体か？

香織 電場や磁場は単に想定上のものでしょうか，それとも粒子と同じように実体なのでしょうか？

先生 目には見えませんがエネルギーをもっている物理的実体です。たとえば，コンデンサーの平行導板に挟まれた領域には電場が満ちていますし，コイルの中には磁場があり，それぞれのエネルギー密度は $\epsilon_0 E^2/2$, $B^2/2\mu_0$ です。

春樹 変位電流のイメージがつかめないのですが。単にマクスウェル方程式のある項を右辺に移行して物質による電流の仲間入りさせただけのように見えますが。

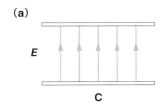 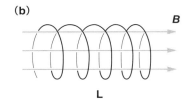

図 **5.4** 電場と磁場のエネルギー。(a) コンデンサーの平行導板の空隙の電場にエネルギーがためられている。(b) コイルの内部に磁場のエネルギーがためられている。

先生 そのとおりです。ただし，変位電流の項がないと，電荷と電流の連続性に反してまずいことになります。

春樹 といいますと？

先生 式 (5.4) の発散（div）をとります。第 1 項は，式 (5.1) を用いると，$-\partial \rho/\partial t$ となるので，全体では連続の式

$$\frac{\partial \rho}{\partial t} + \operatorname{div} \boldsymbol{j} = 0$$

になります。これは，物質に対する運動方程式から導かれるべきものに一致します。仮に，変位電流の項がなければ，上の式は出てきません。

香織 この式が電荷の保存を意味するのですか？

先生 はい。両辺をある体積領域 V で積分し，ガウスの定理を使うと

$$\frac{\partial Q}{\partial t} + \int_S \boldsymbol{j}_n \mathrm{d}S = 0$$

となり，V 内にある電荷の減少が，その境界面から出て行く電荷の総量に等しいという電荷の収支を述べています。

春樹 変位電流がやはりわかりません。具体的な例を示していただけないでしょうか？

先生 コンデンサーの例がよいでしょう。充電したコンデンサーに導線をつなぐと，電流が流れます。その電流によりアンペールの法則から磁場が生じます。磁場は空間的に連続に生じるでしょうから，コンデンサーの空隙のまわりにもできるはずです。しかし，その空隙には電流は流れていません。そ

40 第 5 章 マクスウェルの方程式

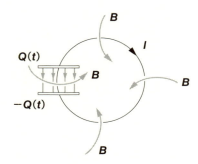

図 5.5 変位電流の例。電荷が時間的に変化する場合に，コンデンサーの空隙にある変位電流。

こで，時間的に変化する電場による「変位電流」を導入して，電場の変化が磁場を生み出しているとしたのです。実際に電荷が流れているわけではありません。

5.3 初期値問題として考えよう

香織 マクスウェル方程式の下の 2 本（式 (5.3)，式 (5.4)）は，時間微分を含んでいるので，電場 E，磁束密度 B の時間発展を与えていますが，上 2 本（式 (5.1)，式 (5.2)）には時間微分が入っていません。何を決めている式なのでしょうか？

先生 よいところに気づきました。上 2 本は，初期値に対する制限，拘束条件なのです。上 2 つを満たすような，場の配位をはじめに与えなければならない，という制約なのです。

香織 その拘束条件はどの時点で与えるのですか？

先生 いつでもよいのです。ある時刻で，満たされれば，以後ずっと満たされることが下 2 本の方程式から保証されます。

香織 上 2 本の式の両辺を時間で微分して，それがゼロになることを下 2 本の式を使って確かめればよいのですね。

先生 そのとおりです。なりそうでしょう？

5.4 電磁波

春樹 そうすると，下2本の方程式の時間微分を調べたくなります。

先生 簡単のために，$\rho = 0$, $\boldsymbol{j} = \boldsymbol{0}$ としましょう。式 (5.3) を時間微分すると，

$$\frac{\partial^2 \boldsymbol{B}}{\partial t^2} + \mathrm{rot}\, \frac{\partial \boldsymbol{E}}{\partial t} = 0$$
$$\Rightarrow \frac{\partial^2 \boldsymbol{B}}{\partial t^2} - \frac{\mathrm{rot}\,\mathrm{rot}\, \boldsymbol{H}}{\epsilon_0} = 0$$
$$\Rightarrow \frac{\partial^2 \boldsymbol{B}}{\partial t^2} - \frac{\Delta \boldsymbol{B}}{\epsilon_0 \mu_0} = 0 \tag{5.6}$$

となります。2行目に式 (5.4)，3行目に式 (5.2) を用いました。電場 $\boldsymbol{E}$ に対しても，同じ方程式が成り立ちます。

香織 ずいぶん簡単になりました。これは波動方程式ですね。

先生 そうです。平面波の解を波数ベクトルを $\boldsymbol{k}$, $\boldsymbol{e}$ と $\boldsymbol{b}$ を定数ベクトルとし，

$$\boldsymbol{E} = \boldsymbol{e} \sin(\boldsymbol{k} \cdot \boldsymbol{r} - ckt)$$
$$\boldsymbol{B} = \boldsymbol{b} \sin(\boldsymbol{k} \cdot \boldsymbol{r} - ckt)$$

とおいて，上の波動方程式に代入すると，電磁波の伝播速度 c は，

$$c = \sqrt{\frac{1}{\epsilon_0 \mu_0}} = 3.00 \times 10^8 \,\mathrm{m\,s^{-1}}$$

であることがわかります。ここで，真空の誘電率 $\epsilon_0 = 8.85 \times 10^{-12}\,\mathrm{m^{-3}\,kg^{-1}\,s^4\,A^2}$ と真空の透磁率 $\mu_0 = 1.25 \times 10^{-6}\,\mathrm{m\,kg\,s^{-2}\,A^{-2}}$ の数値を使いました。

春樹 これは，まさしく光速です。ということは，光は真空中を伝播する電磁波と考えられます。

先生 マクスウェル方程式4本をくわしくみて行きましょう。まず，真空の場合に式 (5.1)，式 (5.2) から，$\mathrm{div}\,\boldsymbol{E} = \mathrm{div}\,\boldsymbol{B} = 0$ ですが，これから $\boldsymbol{k} \cdot \boldsymbol{e} = \boldsymbol{k} \cdot \boldsymbol{b} = 0$, すなわち，電場と磁束密度が波の進行方向に垂直であることを意味するので電磁波は横波です。さらに，式 (5.3)，式 (5.4) から，$\boldsymbol{e}$ と $\boldsymbol{b}$ が直交することが導かれます。まとめると，電磁波は，電場と磁束密度が進行方向に垂直な面内を互いに垂直に振動する横波であることになります [1]。

電場ベクトル e の方向を偏光といいます。

先生 基本方程式 (5.1)〜(5.4) が電磁波の存在を示したことこそ，マクスウェルの勝利ですね，もとはといえば変位電流の導入のおかげなのですが．仮にそれがないと式 (5.6) において ΔB に比例する項が出てきません．

5.5 このさい聞いておこう

春樹 電磁波の実験的検証は誰によってなされたのですか？

先生 1887 年，ドイツのヘルツ（H. Herz）によってなされました．マクスウェルの仕事が 1864 年なのでだいぶ後ですね．

春樹 偏光を実感したいのですが，どうしたらよいでしょうか？

先生 偏光板を回してみると偏光している光の場合には明暗が変わることでわかります．たとえば，携帯電話やパソコンの液晶画面から出てくる光は偏光です．なぜか，携帯電話の液晶は縦か横に偏光していますが，パソコンの場合はそれに対して 45 度傾いています．また，滑らかなテーブルの表面で反射した光が偏光していることも簡単に確かめることができます．偏光板は最近ではネット通販で手に入ります．

5.6 おしまいに

先生 電磁気学は，はじめに掲げたマクスウェル方程式で完結しています．多くの教科書では，クーロンの法則，電磁誘導の法則，アンペールの法則という実験事実に裏づけられた法則から出発してマクスウェル方程式にまとめ上げる書き方をしています [2]．私は，その方が教育的だと思いますが，それをいったん勉強した後に基本法則から，演繹的に諸現象を説明すると，理解がすっきりすると思います．電磁気学は，その好例です．

——先生は，式 (5.1)〜(5.4) を黒板にもう一度書いて，その下に次のように書きました．

> 電磁気学は適切な境界条件のもとに，式 (5.1) と式 (5.2) を満たす初期条件を与えて式 (5.3) と式 (5.4) を解くことに帰着する。その物理的意味は式 (5.1)～(5.4) を積分するとはっきりする。

参考文献

[1] 中山恒義：『電磁気学 II（パリティ物理教科書シリーズ）』丸善出版 (2012), p.18.

[2] 砂川重信：『理論電磁気学』紀伊国屋書店(1999).

第 6 章

ホイヘンスの原理：波動の法則

先生は，授業のはじめに黒板に次のことを書きました．

> **ホイヘンス（C. Huygens）の原理**
> 伝播する波動の波面の形状は次のように決まる．ある時刻 t_0 における波面の各点からの球面波（素元波）の次の時刻 t における包絡面が，時刻 t における波面を形成する．

春樹 図で説明していただけないでしょうか？
先生 t_0 における波面を平面として，その平面の各点から球面波が出たとすると図 6.1 のようになります．
春樹 図は横からみているのですね．
先生 はい，奥行きは想像してください．そのたくさんの球面の包絡面は t_0 における波面から ct だけ進んだ平面になります．ここで c は波の伝播速度です．

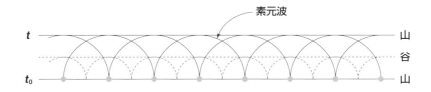

図 **6.1**　平面波の伝播をホイヘンスの原理から説明する．

春樹 はい，計算しなくてもわかりますが，簡単なことをまわりくどく説明しているように思います。もっと，ご利益のある例を知りたいのですが。

6.1 屈折の法則をホイヘンスの原理から導く

先生 真空から媒質に光が入射する場合の屈折の法則がよい例でしょう。以下では，真空中の光の速度を c_i，媒質中の光の速度を c_f とします。

入射光線の束に垂直な平面 S_i を考えましょう。図 6.2 にあるように，S_i 上の 2 点 A，O に注目しましょう。光線 1 が A に到達してから時間 t 後に光線 2 が B に到達すると，距離 OB は $c_i t$ になります。2 の光線が B に達したときに，A から出た球面波の半径は $c_f t$ になります。途中の球面波の包絡面 S_f を図 6.2 に書き入れました。

入射角と屈折角を，θ_i，θ_f とすると，簡単な幾何学から

$$c_i t = L \sin \theta_i \tag{6.1}$$

$$c_f t = L \sin \theta_f \tag{6.2}$$

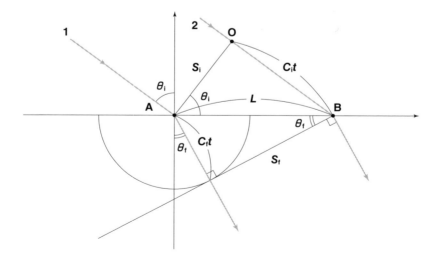

図 **6.2** 屈折の法則をホイヘンスの原理から説明する。

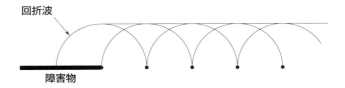

図 **6.3** 回折法則をホイヘンスの原理から説明する。

を導けます。辺々を割ると，スネル（W. Snell）の屈折の法則

$$\frac{c_\mathrm{i}}{c_\mathrm{f}} = \frac{\sin\theta_\mathrm{i}}{\sin\theta_\mathrm{f}} \tag{6.3}$$

が得られます。

春樹 この初等幾何学による説明は，光が波動だとしても屈折の法則が説明できるとして高校で教わりました。

先生 そうですね，当時はニュートンによる光の粒子説とホイヘンスによる波動説が対立していました。

6.2 フレネルによる回折現象の説明

先生 障害物があるとき，光がまわり込む現象を回折といいます。これもホイヘンスの原理で考えてみましょう。図 6.3 をみると一目瞭然でしょう。

香織 ホイヘンスの原理の場合には，波動の位相の要素がとり入れられていないようにみえますが。

先生 一見，そうですが，波動である以上は，波の山と谷があります。図 6.1 に山を実線，谷を点線で書き込んでおきました。たとえば各点から広がる球面波の山と山が重なると振幅が大きくなるのでそれをつないでできる包絡面は山になります。谷と谷をつなぐ包絡面も同様です。これらの包絡面は，山と谷が交互に現れる波動になります。

春樹 それで，包絡面の由来が理解できます。山と谷が重なると相殺してその場所の波動は消えるのでしょうか。

先生 そうです。はじめの平面波の例では，平面波の山と谷が包絡面として交互に現れることを説明できます。屈折の場合も同じです。

春樹 そのように簡単な形状のときにはそうなると理解できるのですが，入射波の形状が少し複雑になると包絡面も複雑になる気がします。

先生 まさにそのとおりです。フランスのフレネル（A. J. Fresnel）は，位相に着目して回折した波の強さがしましまになっていることを説明しました。

位相まで考慮したものを，ホイヘンス–フレネルの原理とよぶこともあります。同様にして干渉現象も説明できます。

香織 位相だけ考慮すればよいのでしょうか。振幅も考慮する必要があると思います。

先生 まさに，そのとおりです。これより先に進むには，波動方程式を解かなければなりません。

春樹 少し待ってください。数学的な話になる前に，聞いておきたいことがあります。ホイヘンスの原理を日常で体験することがありますか？

先生 可視光の場合は波長が短いので波動性がみえづらいのですが，音の場合には波長が長くわかりやすい例があります。2つの隣り合った部屋のあいだの壁に穴が空いているとします。片方の部屋で音を出すと，もう片方の部屋にいる人は，穴の真後ろ以外のところにいても，穴から音が出ているように感じます。マンションの部屋の防音工事をする業者は，エアコンと室外機をつないでいるホースの通る穴など探し出して，徹底した穴ふさぎをします。

6.3　キルヒホッフの公式

先生 波動関数 $u(x, y, z, t)$ が満足する波動方程式を

$$[-\partial_t^2 + c^2 \Delta]u(x,y,z,t) = 0 \tag{6.4}$$

としましょう。ここに c は伝播速度です。∂_t は時間 t についての微分，Δ はラプラシアンです。この $u(x, y, z, t)$ に対して，キルヒホッフ（G. R. Kirchhoff）の公式が成り立ちます。

$$u(x,y,z,t) = -\frac{1}{4\pi} e^{-ickt} \int_S d\sigma' \left[\frac{\partial (e^{ikr}/r)}{\partial n} u - \frac{e^{ikr}}{r} \frac{\partial u}{\partial n} \right] \tag{6.5}$$

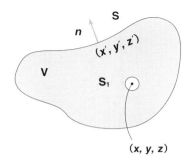

図 6.4 領域 V 内のある点 (x, y, z) をくり抜いて，それを囲む球面 S_1 とし，V は閉曲面 S に囲まれている。

ここに，S は点 (x, y, z) を囲む閉曲面であり，

$$r = \sqrt{(x'-x)^2 + (y'-y)^2 + (z'-z)^2}$$

は点 (x, y, z) と S 上の点 (x', y', z') の間の距離です。$\partial u/\partial n$ は u の S における法線方向の微分です。キルヒホッフの公式は，波動関数のある点での値は，それを囲む平曲面における波動関数の値から決まることを示しています。導出についてはコラム [1] を参照してください。

春樹 この数学的な公式とホイヘンスの原理とどういう関係にあるのですか。
先生 スリットを通過後の波動をみるために，図 6.5 のような領域 V とそれを囲む閉曲面 S を考え，それに対してキルヒホッフの公式をあてはめましょう。S のうち，スリット K のところだけで u がゼロでないので，

$$u(x, y, z, t) = -\frac{1}{4\pi} e^{-ickt} \int_K d\sigma' \left[\frac{\partial (e^{ikr}/r)}{\partial n} u - \frac{e^{ikr}}{r} \frac{\partial u}{\partial n} \right] \quad (6.6)$$

となります。これは，スリット K からの球面波の重ね合わせになっている。これはまさにホイヘンスの原理にほかなりません。

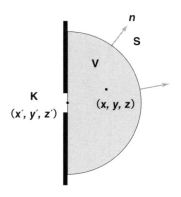

図 6.5 スリットから伝播する波動をキルヒホッフの公式で求める。

コラム

角振動数 ω をもつ波は $\mathrm{e}^{-\mathrm{i}ckt}$ のかたちをしているので，

$$[c^2 k^2 + c^2 \Delta]\phi(x,y,z) = 0$$

となる。この波動方程式の解を $u(x,y,z)$ と $v(x,y,z)$ とすると，次の恒等式が成り立つ。

$$\begin{aligned}
0 &= \int_V \mathrm{d}^3 x [v \cdot \Delta u - \Delta v \cdot u] \\
&= \int_V \mathrm{d}^3 x \, \mathrm{div}[v \cdot \nabla u - \nabla v \cdot u] \\
&= \int_S \mathrm{d}\sigma \left[v \cdot \frac{\partial u}{\partial n} - \frac{\partial v}{\partial n} \cdot u \right]
\end{aligned}$$

領域 V を囲む閉曲面を S として，2 行目にガウスの定理を用いた。
V 内のある点 (x,y,z) をくり抜いて，それを囲む球面を S_1 とすると，

$$\int_S \mathrm{d}\sigma \left[v \cdot \frac{\partial u}{\partial n} - \frac{\partial v}{\partial n} \cdot u \right] + \int_{S_1} \mathrm{d}\sigma \left[v \cdot \frac{\partial u}{\partial n} - \frac{\partial v}{\partial n} \cdot u \right] = 0 \quad (6.7)$$

となる。第 2 項の $(\partial v/\partial n)u$ において，特解 $v = \mathrm{e}^{\mathrm{i}kr}/r$ を代入し，$r \to 0$ の極限をとると，$4\pi u(x,y,z)$ になり，キルヒホッフの公式を得る。

6.4 このさい聞いておこう

香織 今回のはじめの方から気になっていたことがあります。ホイヘンスの原理で，「ある時刻 t_0 における波面の各点からの球面波の次の時刻 t における包絡面」なるものは前進波のほかに後退波もあります。後退波の可能性をどうやって排除するのですか？

先生 歴史的にもその点が問題になったようです。解決したというよりは前進波を初期値として選んだというべきです。キルヒホッフの公式を導くときに波動を e^{-ickt} に比例するとしたところです。もとの原理では波の伝播の各ステップで前進波と後退波のふたとおりの包絡面があるなかでつねに前進波を選ぶ必要がありますが，キルヒホッフの公式では，はじめに前進波を選べば，その後も前進波になります。いまでは，フレネル–キルヒホッフの原理とよぶこともあります。

6.5 おしまいに

先生は，黒板に以下のことを書いて授業を終えました。

> ホイヘンス–フレネルの原理は波動の伝播を直観的に理解できて便利な場合もあるが，一般的には波動方程式の解あるいは，それから導かれたキルヒホッフの公式で与えられる。

参考文献

[1] 寺澤寛一：『自然科学者のための数学概論 [増補版]』岩波書店（1954）．

第 7 章

位相速度，群速度，信号速度

先生は，授業のはじめに黒板に

> ω を角振動数，k を波数として波の伝播の分散関係
> $$\omega = \omega(k)$$
> を与えるとき，時刻 t で空間座標 x における余弦波の振幅は
> $$f(x,t) = \cos\left[k\left(x - \frac{\omega}{k}t\right)\right]$$
> と表せる。

と書きました。

春樹 波数と波長の関係を教えてください。
先生 波長 λ に対して，波数は $k = 2\pi/\lambda$ です。

7.1 分散関係

香織 分散関係は物質を与えると決まるのですか？
先生 はい，そうです。後で典型的な例を3つ与えます。
春樹 「分散」のイメージが湧かないのですが。
先生 ニュートンが行った太陽光のプリズムによる分光実験をイメージする

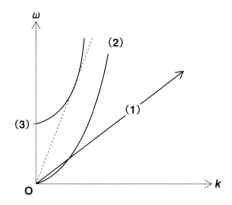

図 7.1　分散関係の例。横軸に波数，縦軸に角振動数をプロットした。点線は接線。

とよいでしょう。屈折率が波長によって違うので，白色光をプリズムに通すと赤い光線はあまり曲がらず紫は強く曲がるので各色の光線が分散します。もっとも当時は，波長については知られていませんでしたが。

香織　波の伝播を黒板の表式でみるにはどうしたらよいのでしょうか？

先生　同じ位相のところ，$x - (\omega/k)t = \text{const.}$ を追いかけると，$x = v_\text{ph} t + \text{const.}$，$v_\text{ph} = \omega/k$ になります。この速度 $v_\text{ph} = \omega/k$ は位相速度とよばれます。光速を c とし，位相速度を

$$v_\text{ph} = \frac{c}{n}$$

と屈折率 n を用いて書くと，

$$n = \frac{k}{\omega}$$

となり，一般に屈折率が波長によることがわかり，分散という言葉の由来が確認できます。

春樹　波長によって屈折率が変わる例を挙げてください。

先生　水の場合，赤（波長 $0.563\,\mu\text{m}$）に対して 1.3311，紫（波長 $0.3968\,\mu\text{m}$）は 1.3435 です。波長が短いほど強く屈折します。

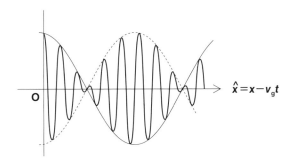

図 7.2 2つの余弦波の重ね合わせ。波数がわずかにずれた2つの余弦波を重ね合わせる。うなりがみえるがその速度が群速度である。

7.2 位相速度と群速度

香織 黒板にある余弦波の式から位相速度が $v_{\rm ph} = c/n$ となるところですが，余弦波はどこまでもうねうねと続いていて，どの部分が動いているのかよくわかりません。

先生 そのとおりです。物理的に波の伝播を理解するために，波数が Δk 違う2つの余弦波を重ね合わせてみましょう（図 7.2）。三角関数の公式 $\cos A + \cos B = 2\cos((A+B)/2)\cos((A-B)/2)$ を用いると Δk が小さいときに

$$\cos\left[k\left(x - \frac{\omega(k)}{k}t\right)\right] + \cos\left[(k+\Delta k)\left(x - \frac{\omega(k+\Delta k)}{k+\Delta k}t\right)\right]$$
$$= 2\cos\left[k\left(x - \frac{\omega(k)}{k}t\right)\right]\cos\left[\Delta k\left(x - \frac{{\rm d}\omega}{{\rm d}k}t\right)\right]$$

となります。この波は余弦波 $\cos[k\{x - (\omega(k)/k)t\}]$ の振幅がそのものが，ゆっくりと $\cos[\Delta k(x - {\rm d}\omega/{\rm d}k)t]$ のように変化していることを示します。振幅自体の進む速度は群速度

$$v_{\rm g} = \frac{{\rm d}\omega}{{\rm d}k}$$

となります。

香織 余弦波2つの重ね合わせだけの議論で十分なのでしょうか？

先生 もっともな指摘です。一般的な波動の重ね合わせ

$$f(x,t) = \int dk e^{ikx - i\omega(k)t} g(k) \tag{7.1}$$

を考えましょう。計算したあとで，実部をとる約束にします。$t=0$ に波束 $f(x,0) = \int dk e^{ikx} g(k)$ を与えた場合，その後の時刻 t における波束の重心の位置を調べましょう。計算を簡単にするために波束をガウス関数 $e^{-x^2/2\alpha}$ と仮定すると，そのフーリエ変換は

$$g(k) = e^{-\alpha k^2/2}$$

なので，式 (7.1) は

$$f(x,t) = \int dk e^{ikx - i\omega(k)t} e^{-\alpha k^2/2}$$

となります。

この k 積分を任意の分散 $\omega(k)$ に対して解析的に求めることはできないので，鞍点法で近似的に計算しましょう。被積分関数の指数を

$$S(k) := ikx - i\omega(k)t - \frac{\alpha k^2}{2}$$

とおきましょう。$S(k)$ の停留値 k^* は $dS(k)/dk = 0$ から与えられます。具体的に書くと

$$ix - i\frac{d\omega}{dk}\bigg|_{k^*} t - \alpha k^* = 0$$

$$\Rightarrow k^* = \frac{i(x - v_g t)}{\alpha}$$

$$v_g = \frac{d\omega}{dk}\bigg|_{k^*}$$

となり，指数 $S(k)$ は

$$S(k) \approx -\frac{\alpha(x - v_g t)^2}{2} - ik^* x + i\omega t - \frac{(k - k^*)^2 S''(k^*)}{2}$$

です。$f(x,t)$ のガウス積分を実行すると，波動の振幅は近似的に

$$f(x,t) \approx \sqrt{\frac{\pi}{S''(k^*)}} \exp\left[-\frac{\alpha(x - v_g t)^2}{2} - ik^* x + i\omega t\right]$$

となります。これは，位相速度 ω/k^* の細かい波を包絡する波束の重心が速

度 v_g で運動することを表しています。

香織　k^* 自体が，$k^* = \text{i}(x - v_\text{g}t)/\alpha$ の解ですから，時間空間座標の複雑な関数ですね。

先生　そうです。群速度と位相速度も時刻と場所により変化しますが，細かい波の振動に比べればゆっくり変化します。

春樹　位相速度と群速度はどちらが大きいのですか？

先生　分散関係によります。例を挙げましょう。

(1) 音波
$$\omega(k) = c_\text{s} k \qquad (c_\text{s} \text{ は音速})$$

(2) 非相対論的粒子
$$\omega(k) = \frac{k^2 \hbar}{2m} \qquad (m \text{ は質量，} \hbar \text{ はプランク定数})$$

(3) 相対論的粒子
$$\omega(k) = \sqrt{c^2 k^2 + \frac{m^2 c^2}{\hbar^2}} \qquad (c \text{ は光速})$$

あるいは，プラズマ中の電磁波の分散関係
$$\omega(k) = \sqrt{c^2 k^2 + (\omega_\text{p})^2} \qquad (\omega_\text{p} \text{ はプラズマ振動数})$$

(1) の場合，$v_\text{ph} = v_\text{g} = c_\text{s}$ だから，位相速度も群速度も等しく c_s です。(2) の場合，位相速度は $v_\text{ph} = \hbar k/2m$ で，群速度が $v_\text{g} = \hbar k/m$ だから，群速度は位相速度の 2 倍です。さらに，(3) の相対論的粒子の場合は，位相速度は $v_\text{ph} = \omega/k > c$ となり，光速を超えます。一方，群速度は $v_\text{g} = \hbar k/\omega$ となり光速以下で，当然ながら位相速度以下です。

春樹　そうすると，群速度が物理的な粒子の速度に対応するとしてよいのでしょうか？ 群速度 $v_\text{g} = \text{d}\omega/\text{d}k$ が，波束の重心の速度ですから，それが粒子の速度と対応していると考えると，つじつまが合います。

7.3　異常分散

先生　上の 3 つの例だとそうなっていますが，一般にそうとはいい切れません。屈折率を，$n = c/v_\text{ph} = ck/\omega$ と表すと，$ck = \omega n$ となります。これか

ら，群速度は

$$v_{\mathrm{g}} = \frac{d\omega}{dk} = \frac{c}{n + \omega \dfrac{dn}{d\omega}}$$

と表せます。ここで，$dn/d\omega \leq 0$，すなわち角振動数 ω が高いほど，屈折率 n が小さくなる場合を異常分散とよびます。その場合に，群速度が位相速度よりも大きくなります。さらには，分母がゼロ，あるいは負になると群速度が光速を超えたり負になるなど，一見すると非物理的なふるまいを示します。異常分散があるときには吸収があり，屈折率が複素数になることが知られています。その場合の波束の速度を注意深く鞍点法を適用して，複素 ω 面で評価する必要があります。その結果には，上記のような群速度にあった非物理性はありません。

春樹 異常分散は直観的にどのような分散なのですか。
先生 ここでもプリズムによる白色光の分光をイメージしてください。ガラスの場合，紫の方が赤よりも大きく屈折するので，逆三角形にプリズムを置くと赤橙黄緑青藍紫の順番ですが，異常分散を与える物質の場合は順番が反対になります。

7.4 エネルギーの流れの速度と信号速度

香織 それでは，波束の物理的な速度といえるものは何なのでしょうか？
先生 理論的なものと実験的なものと2つあると思います。理論的な速度としてエネルギー輸送の速度があります。実験的な信号速度は検出器の感度に依存します。両方とも媒質の物性の詳細によるので，ここでは定量的な考察を専門書にゆだねて結果をグラフ図 7.3 に示します。図 7.3 は，横軸に角周波数 ω，縦軸に c/U をとります。U が，位相速度，群速度，エネルギー流の速度，信号速度の場合に模式的にプロットしています。$\omega = \omega_0$ が吸収角振動数です。振動数が大きい場合には，すべての速度が光速 c に漸近します。逆に振動数が 0 の極限では光速よりも小さいある値に近づきます。

位相速度 v_{ph} は典型的な屈折率のふるまいを示し，$\omega = \omega_0$ でゼロになり，高周波数側で光速を超えます。それと対照的に群速度は吸収点 $\omega = \omega_0$ で異

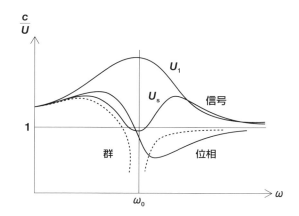

図 7.3 典型的な媒質の場合のいろいろな伝播速度。位相速度，群速度，エネルギーの流速，信号速度。

常なふるまいをし，光速を超えることがあります。一方，物理的なエネルギーの流速は常に光速以下であり，吸収点で減少します。信号速度は検出器の感度によります。

香織 エネルギーの流れの速度が明示的に定義されていませんが。

先生 それを述べるには媒質の物理が必要です。対象を電媒定数 ϵ の媒質中を伝播する電磁波に限定した場合をブリユアン（L. N. Brillouin）[1] が教科書に書いています。計算が込み入っているのでここでは述べません。

7.5 まとめ

春樹 波束の波形を描いてどのあたりが信号速度かスケッチしていただけませんか？

先生 手書きで勘弁してください。どっちみちくわしい図はあまり意味がありませんので（図 7.4 参照）。

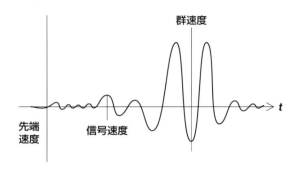

図 7.4 正常分散の場合の典型的な波形。まず弱い余弦波的な波形が到達し，その先頭の速度を先端速度という。次に，振幅が大きくなり始め振動数も落ちる波形が現れる。それが，検出器に十分なエネルギーを与えるまでの時間で計ったものが信号速度。波束全体が通り過ぎる速度はその重心の速度なので群速度に一致する。

参考文献

[1] L. Brillouin: *Wave Propagation and Group Velocity*, Academic Press (1960).

第 8 章

ローレンツ変換

慣性系の間の座標変換

慣性系 S の時間座標を t, 空間座標をデカルト座標系で (x,y,z) としよう。系 S に対して x 軸正の方向に速度 v で運動している別の慣性系 S′ の時間座標を t', 空間座標を (x',y',z') とする (図 8.1 (a))。その 2 つの座標系の関係は,

$$t' = \frac{t - (v/c^2)x}{\sqrt{1 - v^2/c^2}} \tag{8.1}$$

$$x' = \frac{x - vt}{\sqrt{1 - v^2/c^2}} \tag{8.2}$$

$$y' = y \tag{8.3}$$

$$z' = z \tag{8.4}$$

であり,ローレンツ (H. A. Lorentz) 変換とよばれる。ここに c は光速 $c = 299792458\,\mathrm{m/s}$ である。

先生は,授業のはじめに黒板に上のことを書きました。

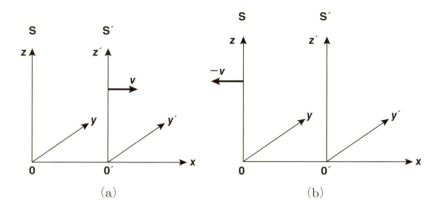

図 8.1 2つの慣性系。(a) 慣性系 S′ は慣性系 S に対して，x 方向に速度 v で運動している。(b) 慣性系 S は慣性系 S′ に対して，x 方向に速度 $-v$ で運動している。

8.1 光速不変の原理からローレンツ変換を導くこと

香織 式 (8.1) では時間座標と空間座標が交じっていますね。

先生 そうです。ニュートン力学の場合には時間座標は座標変換しても変わらず，$t' = t$ です。ちなみにニュートン力学における空間座標の座標変換は，ガリレイ（Galileo Galilei）変換 $x' = x - vt$ となります。

春樹 数学としてなら，どちらも可能と思いますが，物理としてローレンツ変換の方が正しいとする実験的根拠は何ですか？

先生 光速が慣性系によらないという事実です。歴史的には，マイケルソン（A. A. Michelson）とモーリー（E. W. Morley）の干渉計による実験が有名です。彼らは光の媒質としてエーテルの存在を仮定し，その静止系に対する地球の速度 v を測定しようとしました。ガリレイ変換に従えば，光速は方向によって $c+v$ から $c-v$ まで変化するはずですが，それは検出されませんでした。光速は慣性系によらない定数 c とすると，マイケルソンとモーリーの実験結果が説明できます。

香織 光速不変を成り立たせるために，空間座標だけではなく，時間座標も変えるということは理解できます。ローレンツ変換は光速不変の原理から，

どのように導出されるのですか？
先生 系 S の縦軸の座標を ct とし，横軸の座標を x としましょう．図 8.2 では，$t=0$ に原点 $x=0$ から，発信された光の経路（光の世界線ともいう）は ct 軸と x 軸の 2 等分線，すなわち傾き 45 度の直線になることに注意しましょう（y，z 座標については，あとで考えることにします）．
春樹 縦軸と横軸は両方とも長さの次元をもつのですね．

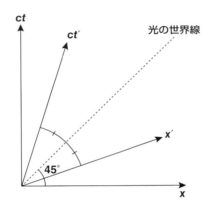

図 8.2 2 つの慣性座標系。慣性系 S の縦軸を時間 t に光速を掛けた ct とし，横軸を x とする．同様に，S に対して x 方向に速さ v で運動している慣性系 S′ の縦軸を時間 t' に光速を掛けた ct' とし，横軸を x' とする．光の世界線は傾き 45 度の破線で表してある．系 S′ は，縦軸と横軸が直交しない斜交座標系になる．

先生 図 8.2 の中に，時刻 $t=0$ に原点 $x=0$ から出発した速度 v の粒子の軌跡を描き込むと，$x = vt = (v/c)ct$ の直線になります．これは，系 S に対して速度 v で運動している系 S′ の原点 $x'=0$ の軌跡，すなわち ct' 軸でもあります．さて，S′ の空間軸 x' 軸はどこにあるか，という問題を考えてみましょう．光速度不変の原理から系 S′ においても，光の世界線は共通で，$t'=0$ に原点 $x'=0$ から，発信された光の世界線は ct' 軸と x' 軸の二等分線（$x' = ct'$）に一致するはずです．すなわち，x' 軸は図 8.2 中の傾き 45 度の直線に対して ct' 軸を折り返して（ct と x を入れ替えて）得られる直線 $ct = (v/c)x$ に

香織 光速不変の原理を適用すると，運動している座標系の空間軸が定まるところはうまいですね。でも，系 S′ の座標は，縦軸と横軸が直交しない斜交座標系になりますが，よいのでしょうか？

先生 問題が起きたときに考えましょう（笑）。系 S′ の座標軸を系 S の座標で表しましょう。ct' 軸すなわち $x' = 0$ の直線は $x - vt = 0$ の直線に一致し，x' 軸すなわち $ct' = 0$ の直線は $ct - (v/c)x = 0$ の直線に一致します。したがって，x' と $x - vt$，ct' と $ct - (v/c)x$ は，それぞれ比例するとしてよいでしょう。その比例係数を，おのおの $A(v)$，$B(v)$ とおけば，

$$x' = A(v)(x - vt)$$
$$ct' = B(v)\left(ct - \frac{v}{c}x\right) \tag{8.5}$$

と表されます。

香織 ここで，座標変換が線形であることを仮定しているでしょうか？

先生 仮定しています。アインシュタインの 1905 年の論文では別の導き方をして空間の一様性の仮定だけから変換式が線形であることが導けると述べていますが，それは筆が滑ったものでしょう。彼の導出でも線形性の仮定は必要です。

春樹 光速不変は使ってしまったので，これから先，どう議論を進めるのか，興味津々です。

先生 明らかに，系 S は系 S′ に対して，x 方向に速度 $-v$ で運動しているから，式 (7.5) において，プライムのついた文字とつかない文字を入れ替え，さらに v を $-v$ におき換えた式も成立しているはずです。図 8.1 (b) を参照してください。すなわち，

$$x = A(-v)(x' + vt')$$
$$ct = B(-v)\left(ct' + \frac{v}{c}x'\right) \tag{8.6}$$

ただし，空間の等方性を考えると，係数 $A(v)$，$B(v)$ は，速度の大きさのみの関数であるべきなので，$A(v) = A(-v)$，$B(v) = B(-v)$ が成り立つでしょう。

香織 うーん，一種の「逆転の発想」ですね。空間の等方性といっても，左右 2 方向の同等性ですね。

先生 ここでは事実上空間を 1 次元にしているので，そうなりますが，3 次元に一般化できます．本題に戻りましょう．

式 (8.5) を式 (8.6) に代入すると，たとえば

$$x = A(-v)(x' + vt') = A(v)(x' + vt')$$
$$= A(v)\left[A(v)(x - vt) + \frac{v}{c}B(v)\left(ct - \frac{v}{c}x\right)\right]$$
$$= \left[A^2 - AB\frac{v^2}{c^2}\right]x - A(A - B)vt \tag{8.7}$$

となりますから，両辺を比較すると

$$A(v) = B(v) = \frac{1}{\sqrt{1 - v^2/c^2}} \tag{8.8}$$

を得ます[1]．以上をまとめて，ローレンツ変換

$$t' = \frac{t - (v/c^2)x}{\sqrt{1 - v^2/c^2}} \tag{8.9}$$

$$x' = \frac{x - vt}{\sqrt{1 - v^2/c^2}} \tag{8.10}$$

に到達しました．いままでは，y 座標と z 座標を無視してきましたが，$y' = y$, $z' = z$ とすれば，十分であることは明らかでしょう．

春樹 授業のはじめの方で，先生はニュートン力学における座標変換は，ガリレイ変換であるとおっしゃっていました．ローレンツ変換とガリレイ変換はどういう関係にあるのですか？

先生 いいポイントですね．新しい理論がつくられるときには，それはある近似で古い理論を再現しなければなりませんから．速度 v が，光速 c に比べて，十分小さいとき，ローレンツ変換は

$$t' = t \tag{8.11}$$

$$x' = x - vt \tag{8.12}$$

になり，ニュートン力学におけるガリレイ変換に一致します．当然ながら，ガ

---

[1] $A(v) = B(v) = -1/\sqrt{1 - (v^2/c^2)}$ もよいようにみえるが，$v = 0$ のときに系 S と系 S′ が一致し，$A(0) = B(0) = 1$ となるべきであるという当然な要請からこの可能性は排除される．

リレイ変換 (8.11), (8.12) に光速 c は現れません。日常的な場合に，物体の速さは光速に比べて十分に小さいのでこれで十分だったのです。それに対する相対論的補正は v^2/c^2 のオーダーです。たとえば，時速 200 km の列車の場合，補正は約 3.4×10^{-14} です。

8.2 イベントの同時性

香織 先生は，S′ 系の座標が斜交座標でも構わないとおっしゃいましたが，妙なことが起きます。図 8.3(a) 中の水平線上にある 2 つのイベント A と B は S 系で同時刻ですが，S′ 系の時間座標でみれば A が B の未来にあることになります。

先生 そのとおりです。このように「同時刻」の概念は慣性系のとり方によります。ニュートン力学では，時間はいたるところ共通で，観測者には依存しないものでした。

春樹 たとえば，織田信長が本能寺の変で自害するというイベント a と，そ

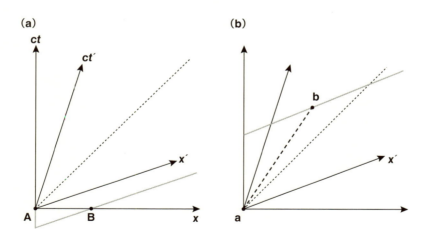

図 8.3 同時刻の相対性。(a) イベント A と B は系 S で同時刻であるが，系 S′ では A が B の未来にある。(b) 因果関係のあるイベントの順番は入れ替わらない。

の知らせを聞いた羽柴秀吉が高松城から備中大返し[2]をするイベント b の順番が，慣性系のとり方によって反対になるという妙なことになりませんか？つまり，系 S′ では，備中大返しが起きてから，信長が自害するというように，原因と結果が逆転することが起こりそうです。

先生 それは大丈夫です。秀吉は本能寺の変の知らせを使者から聞いて，東に戻るのでしたね。その使者の速度は光速以下ですから，軌跡は図 8.3 (b) のなかの破線のようなものでしょう。したがって，b は a から出た光の世界線の未来側にあり，一方，S′ の空間軸は光の世界線より過去側にあるので，S′ をどう選ぼうと，b は a より未来にあります。慣性系の選び方しだいで原因と結果が逆転するというようなことは起きないのです。

8.3 ローレンツ収縮

先生 ここに長さ l_0 の棒があるとします。これが速度 v で運動しているとき，静止系の観測者がみると長さが l であったとします。棒の両端を A と B とし，簡単のため A は座標原点にあるとします。

棒の本来の長さが l_0 ということは，この運動系 S′ における B の空間座標が $x' = l_0$ であり，静止系からみて長さ l ということは，静止系における B の空間座標は $x = l$ ということです。静止系の観測者が棒の長さを測るときには，当然ながら，棒の両端 A と B の位置を，静止系において同時刻で計ります。

春樹 注意深くいうとそうなりますね。そうしておいて，l と l_0 の関係を調べるのですね。

先生 はい。l_0 と l の関係は，ローレンツ変換の x' に対する公式

$$x' = \frac{x - vt}{\sqrt{1 - v^2/c^2}} \tag{8.13}$$

において $x' = l_0$, $x = l$, $t = 0$ とおけば得られます。すなわち，

---

[2] 中国地方に遠征していた羽柴秀吉は，織田信長が明智光秀のために本能寺で討ち死にしたことを知り，急きょ大軍を東に山崎まで進軍させた。これを備中大返しとよぶ。

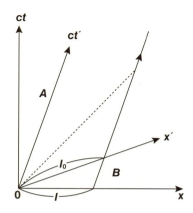

図 8.4 長さ l_0 の棒が速度 v で運動している。それを静止している観測者が見ると長さが l に縮んでみえる。

$$l = l_0 \sqrt{1 - \frac{v^2}{c^2}} \tag{8.14}$$

右辺は明らかに，l_0 より小さいので，運動している棒を，静止系でみると縮んでみえます。これを ローレンツ収縮 といいます。

　上の数式による議論を図 8.4 でみましょう。ポイントは「静止系の観測者が棒の長さをみるときには，棒の両端 A と B の位置を，静止系において，同時刻で測る」ことにあります。図 8.4 のなかに，棒の両端 A と B の，互いに平行な世界線を描き入れました。そして，x' 座標の差が l_0 で，x 座標の差が l であることをみてください。

8.4　時間の遅れ

先生　静止している時計の刻みを，固有時といいます。固有時で τ_0 の寿命の粒子が速度 v で運動しているとき，静止系からみてその粒子の寿命はどうなるのか考えてみましょう。まず，ローレンツ変換の公式を用いて計算してみましょう。粒子の x' 座標は，固定されていて

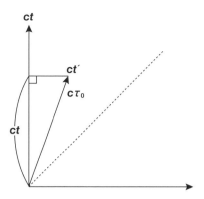

図 8.5 運動する粒子がそれに付随した時計で測って $t' = \tau_0$ の寿命をもつとすると，静止系でその寿命を計るとローレンツ因子分寿命が延びる。

$$x' = \frac{x - vt}{\sqrt{1 - v^2/c^2}} = 0 \tag{8.15}$$

すなわち，$x = vt$ です。これを

$$t' = \frac{t - (v/c^2)x}{\sqrt{1 - v^2/c^2}} \tag{8.16}$$

に代入して

$$t' = \sqrt{1 - \frac{v^2}{c^2}}\, t \tag{8.17}$$

を得ます。運動する粒子の寿命 τ_0 をそれに付随した時計で測ると当然ながら $t' = \tau_0$ です。静止系で同じ粒子の寿命を測ると

$$\tau = \frac{\tau_0}{\sqrt{1 - v^2/c^2}} \quad (> \tau_0) \tag{8.18}$$

となり，ローレンツ因子分 $1/\sqrt{1 - v^2/c^2}$ だけ寿命が延びます。

春樹 具体例を挙げていただけますか。

先生 ミュー粒子は寿命が $1\,\mu\text{s}$ くらいですが，$10\,\text{km}$ 以上の上空で宇宙線の衝突から生まれ，地上に到達します。それは，ミュー粒子が地上の観測者に対して光速近くで運動しているので，寿命が延びたようにみえます。

8.5 このさい聞いておこう

香織 ローレンツ変換の導出の仕方は，ほかにもあるのでしょうか？

先生 アインシュタイン（A. Einstein）は 1905 年の論文で，異なる場所に置かれた 2 つの時計を，光の交信により合わせる思考実験によりローレンツ変換を導きました．操作的議論の模範といえるすばらしい論文 [1] なので，読むことを薦めます．ランダウ–リフシッツ [2] にあるような計量を用いた演繹的な導出は専門家向きです．

春樹 なぜ，"ローレンツ収縮"とよぶのでしょうか？

先生 ローレンツはマイケルソンとモーリーの実験を説明するために，光の媒体エーテルがその進行方向に縮む物性をもつと考えました．根拠は間違っていたけれども数式としてはローレンツ変換に達していたそうです．

香織 系 S に対して系 S' が速度 v で運動し，さらに系 S'' が系 S' に対して v' で運動すると，系 S'' の系 S に対する速度 v'' はどうなりますか？

先生 ローレンツ変換を 2 回続けて行えばよいのですが，計算は少し込み入っています．結果だけお教えしましょう．

$$v'' = \frac{v+v'}{1+\dfrac{vv'}{c^2}}$$

です．

春樹 $v=c$ のとき，$v''=c$ で光速不変の原理が確認できますね！ しかも，$v,v' < c$ ならば，$v'' < c$ ですね．新幹線の上に新幹線を走らせることをくり返しても，光速には達しないことが証明できます．

先生 すばらしい．

8.6 まとめ

先生は，黒板に以下のことを書いて授業を終えました．

> 光速不変の原理から，慣性系 S の時間空間座標を (t, x, y, z) とし，x 軸正の方向に速度 v で運動している別の慣性系 S' の時間空間座標を (t', x', y', z') とすると，その関係はローレンツ変換 (7.1)〜(7.4) で与えられる。それから，運動する物体の進行方向の収縮と時計の遅れが説明できる。

参考文献

[1] A. アインシュタイン：『相対性理論（岩波文庫）』（内山龍雄 訳）岩波書店（1988）．

[2] L. D. ランダウ，E. M. リフシッツ：『場の古典論』（恒藤俊彦，広重 徹 訳）東京図書（1979）．

第 9 章

熱力学第 1 法則

先生は，授業のはじめに黒板に次のことを書きました。

熱力学第 1 法則
何らかの操作により，系の熱力学的状態が 1 から 2 に変化したとしよう。系が力学的な仕事 $W(1 \to 2)$ を外界に対して行い，外界から熱 $Q(1 \to 2)$ が系に流入すると，系の内部エネルギーの変化分 $E(2) - E(1)$ は，

$$E(2) - E(1) = -W(1 \to 2) + Q(1 \to 2) \tag{9.1}$$

となる。

先生 熱力学は，熱についての経験則をもとに操作的な論法で導いたものなので，物理学のなかで特別に普遍性が高いと思われています。

9.1 状態量

春樹 「系」「操作」「熱力学的状態」という言葉が抽象的に感じます。具体例を挙げて説明してくださいますか。

先生 内部の気体の温度 T，体積 V のシリンダーを系とします（図 9.1）。温度 T と体積 V の値の対 (T, V) が熱力学的状態を 1 つ指定します（図 9.2）。シリンダーを温度 T の熱浴と接触させながら，ピストンを外力で動かして，

74   第 9 章　熱力学第 1 法則

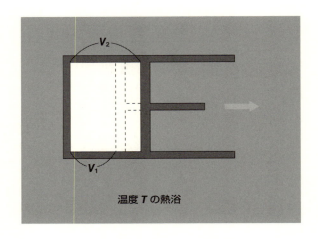

図 9.1　ピストンの操作による等温過程。温度 T の熱浴と接しているシリンダーの体積を V_1 からを V_2 に膨張させる。

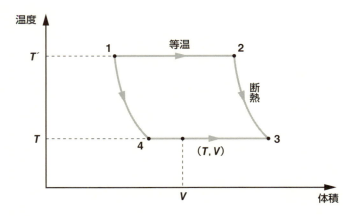

図 9.2　熱力学的状態と状態操作。1 点 (T, V) が 1 つの状態に対応する。等温操作による状態変化 $1 \to 2$ と断熱操作による状態変化 $2 \to 3$ を書き入れた。

9.1 状態量 **75**

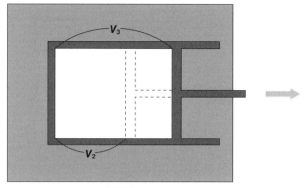

図 9.3 ピストンの操作による断熱過程。断熱壁でシリンダーを囲んで体積を V_2 からを V_3 に膨張させる。

体積を V_1 から V_2 に変えると，状態を (T, V_1) から (T, V_2) に変化させる等温操作 $1 \to 2$ が実現されます（図 9.2）。温度と体積のようなマクロな変数で指定された状態を「熱力学的状態」といいます。「操作」とは，熱力学的状態を外的に変化させる物理的過程のことです。上の例では，シリンダーを熱浴と接触させながらピストンを動作することがそれにあたります。

春樹 温度を変えるにはどうすればよいのですか？

先生 シリンダーを断熱壁で囲み，ピストンを引くとシリンダーの体積が増加し，断熱膨張により温度を下げると（図 9.3），図 9.2 の状態変化 $2 \to 3$ を実現できます。

香織 $W(1 \to 2)$ は，始点 1 と終点 2 だけで決まるのではなく，途中の操作の仕方によるのですね。仕事量 $W(1 \to 2)$ が，途中の経路による例を挙げていただけないでしょうか？

先生 図 9.2 において，始点 1 から終点 3 への操作は，前に述べた等温操作 $1 \to 2$ と断熱操作 $2 \to 3$ を続いて行うことによってもできますが，断熱操作 $1 \to 4$ と等温操作 $4 \to 3$ を続けてもできます。しかし，そのために必要な仕事 W の値は，両者で異なります。このように，一般的に仕事は操作の仕方により，状態量の差にはなりません。

香織 それと対照的に，内部エネルギーは状態，すなわち温度で決まる状態量なのですね。

先生 はい，そうです。

春樹 等温操作なら仕事は状態量の差になりますか？

先生 そうとは限りません。熱浴と接触させて，熱平衡を保ちつつピストンを引く場合を考えましょう。これを準静的等温操作といいます。準静的操作で W が最大になります。直観的にいえば，ピストンの動きがゆっくりだと，シリンダー内の分子がピストンの壁に何回も衝突できるので，その運動エネルギーを壁，すなわち外界に「しっかりと」与えることができます。逆にピストンを速く引きすぎると，シリンダー内の分子が壁に追いつくことができなくなり，その運動エネルギーを外界に移すことができません。

したがって，等温操作による仕事 $W(1 \to 2)$ は状態量ではなく，操作に依存した量です。

香織 準静的操作一般はどのように定義されるのでしょうか？

先生 分子運動のようなミクロな運動の時間スケールが，シリンダーの運動のようなマクロな運動の時間スケールより短いときに，準静的です。ただし，マクロな理論である熱力学ではミクロな分子の存在を仮定しないのが建前なので，「十分にゆっくりとした」という，奥歯にものが挟まったいい方がよくなされます。

香織 準静的操作が平衡状態を保ちながら変化させる操作だとすると，その逆操作をするともとの状態に戻りそうです。準静的操作なら可逆な操作とよんでよいですか？

先生 はい，そのとおりです。可逆な操作なら準静的とはいえませんが。

春樹 準静的にシリンダーの体積を V_1 から V_2 に等温的に変えるとき，外界に対して行う仕事 $W(1 \to 2)$ は，どうなりますか？

香織 私にやらせてください。準静的操作では，シリンダー内の理想気体が温度 T の熱浴と熱平衡にありますから，ボイル–シャルルの法則 $pV = Nk_\mathrm{B}T$ が使えます。

$$W(1 \to 2) = \int_{V_1}^{V_2} p dV = Nk_\mathrm{B}T \int_{V_1}^{V_2} \frac{\mathrm{d}V}{V} = Nk_\mathrm{B}T \log \frac{V_2}{V_1} \quad (9.2)$$

です。あれ！ 右辺は，$Nk_\mathrm{B}T(\log V_2 - \log V_1)$ なので，終状態の量と始状態

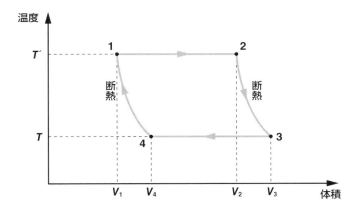

図 9.4 カルノーサイクル。等温準静操作 $1 \to 2$, 断熱準静操作 $2 \to 3$, 等温準静操作 $3 \to 4$, 断熱準静操作 $4 \to 1$ をこの順で行う。

の量の差になっています。

先生 よく気づきました。このように熱浴との熱平衡を保つ準静等温操作の場合には，仕事 W は状態量の差になります。また，断熱操作の場合には，第1法則において $Q(1 \to 2)$ がゼロなので $W(1 \to 2)$ が状態量であるところの内部エネルギーの差になります。しかし，一般には状態量の差にならないのですね。

春樹 ということは，逆にシリンダーの体積を V_2 から V_1 に準静等温的に変えるときには，外界がシリンダーに対して仕事 W を行わなければならないのです。それで，準静的操作が可逆という意味がわかってきました。

香織 図 9.4 のように等温操作，断熱操作，等温操作，断熱操作を順に行い，始点の状態に戻ってきても W はゼロになりません。これを W が状態量の差にならない例と考えてよいですか？

先生 すばらしい。それをカルノー (N. L. S. Carnot) サイクルとよびます。カルノーサイクルは可逆なサイクルです。

9.2 熱

香織 Q を熱といいましたが，熱の定義は何ですか？ 内部エネルギーと力学的仕事の方はわかるのですが．

先生 じつは式 (8.1) が定義なのです．Q がゼロならば，エネルギーの変化が力学的仕事に等しいという，普通のエネルギー保存則ですね．Q は外界から系に流入する「見えざる」エネルギーなのです．熱浴の分子がシリンダーの壁に衝突し壁の格子振動を引き起こし，それがシリンダー中の気体に与えるエネルギー全体が Q です．

香織 第 1 法則が Q の定義に過ぎないならば，物理法則としては何をいっているのかわからなくなります．

先生 このままではそうですね．しかしながら，等温操作 $1 \to 2$ の中で，最大仕事 $W_{\max}(1 \to 2)$ を考えると，自明でないことが出てきます．

9.3 カルノーの定理

先生 等温操作では内部エネルギーは変化しないので，等温過程での熱力学的仕事は流入する熱

$$W(T, 1 \to 2) = Q(T, 1 \to 2) \tag{9.3}$$

に等しくなります．その最大値 $W(T, 1 \to 2)_{\max}$ について，カルノーの定理が成り立ちます．

$$\frac{W(T, 1 \to 2)_{\max}}{W(T', 1 \to 2)_{\max}} = f(T, T') \tag{9.4}$$

ここでのポイントは，左辺の比が，操作 $1 \to 2$ によらず，温度 T と T' だけによることです．

証明が見事なので，読むことをぜひお薦めします [1]．最大仕事を与える操作は，準静的操作です．理想気体に対するボイル–シャルルの法則で絶対温度 T を定義すると，右辺は T/T' となるので，

$$\frac{W(T, 1 \to 2)_{\max}}{W(T', 1 \to 2)_{\max}} = \frac{T}{T'}. \tag{9.5}$$

書き換えると，

$$\frac{W(T, 1 \to 2)_{\max}}{T} = \frac{W(T', 1 \to 2)_{\max}}{T'} \tag{9.6}$$

となります。

9.4 エントロピー

先生 式 (9.6) は，最大仕事を温度で割った量が温度によらないことを示しているので，この量に重要な意味がありそうです。そこで，エントロピー S を

$$\frac{W(T, 1 \to 2)_{\max}}{T} =: S(1 \to 2) \tag{9.7}$$

と定義すると，右辺は状態量の差 $S(2) - S(1)$ となります。証明方法はいくつかありますが，これも割愛します [1]。

香織 カルノーの定理がポイントなのですね。定理という以上，仮定があるはずですが，何を仮定しているのですか？

先生 本質的には，ケルヴィン卿（Lord Kelvin, W. Thomson）の原理です。それは，熱浴が 1 つだけの場合に，そこから仕事をとり出すことができないというものです。これを，経験的事実であるとして受け入れます。

春樹 カルノーサイクルで系が仕事をするためには高温の熱浴と低温の熱浴の 2 つが必要でした。1 つでは仕事をとり出せないのですね。

先生 はい，そうです。カルノーの定理の証明では，2 つのカルノーサイクルを巧妙に組み合わせて，1 つの熱浴問題に帰着させます[1]。

香織 第 1 法則の内容は，エネルギー保存則とケルヴィンの原理といってよいでしょうか？

先生 そのとおりです。準静的過程に限定すると

$$E(2) - E(1) = -[W(2) - W(1)] + T[S(2) - S(1)] \tag{9.8}$$

が成り立ち，差分を微分でおき換えると，使い勝手のよい表式

$$dE = -dW + TdS \tag{9.9}$$

に到達します。とくに，シリンダーの場合には，dW を圧力 p と体積変化 dV

---

[1] 証明のなかで，温度以外の状態変数を体積のような示量的変数であることも用いている。

で表すと，よく知られた表式

$$dE = TdS - pdV \tag{9.10}$$

となります。

9.5 自由エネルギー

先生 エントロピー S が状態量として定義できると，ヘルムホルツ（H. L. F. v. Helmholtz）の自由エネルギー

$$F = E - TS \tag{9.11}$$

という物理的に理解しやすい状態量が定義できます。

春樹 どういうことなのですか？

先生 定温過程での変化量 ΔF を計算してみましょう。

$$\Delta F = \Delta E - T\Delta S \tag{9.12}$$

となり，右辺は系が定温過程でなし得る最大の仕事 $\Delta W_{\max}$ です。

香織 エネルギー E のうち仕事としてとり出せる有用なエネルギーというわけですね。

先生 そうです。残りの $T\Delta S$ は熱になってしまう，ということです。砂川先生は，E を総所得，TS を必要経費，自由エネルギー F を可処分所得にたとえています [2]（笑）。うまいたとえだと思います。

香織 ΔW が最大仕事という以上，とり出せる仕事 ΔW は一般にはそれ以下ということになりますか？

先生 そうです。数式で書くと，$\Delta F \geq \Delta W$ となります。等号が成立する場合は準静的過程です。この不等式の由来をたどると，先ほどからとり上げられているケルヴィンの原理です。

春樹 （1 つの熱源しかないときの）等温サイクルでは，外界に正の仕事ができないという原理でしたね。

先生 そのとおりです。自由エネルギー F は状態量ですから，サイクルでは $\Delta F = 0$ です。したがって，$\Delta W \leq 0$ です。

9.6 このさい聞いておこう

香織 いままでの授業と比べて，話の展開の仕方に違いがあります。力学と電磁気学においては，はじめに法則あるいは基礎方程式があり，物理的な状況設定のもとで計算をして，その結果を実験と比べることを行っています。今回の場合は，エネルギー保存則とケルヴィンの原理だけを仮定して，外界から系を操作する思考実験によって話を展開しています。

春樹 思考実験を各ステップごとに実験的に検証できるところが，力学や電磁気学と違ってよいところですね。

香織 逆にいうと，実験が理論の何を検証しているのか，わからなくなります。ケルヴィンの原理でしょうか？

先生 そうではないと思います。経験上正しいと受け入れるべきケルヴィンの原理から操作的に導かれた熱力学は正しいと考えます。物理においては，操作による状態の変化の連鎖で議論する手法は，熱力学はともかく，アインシュタインによる特殊相対論以外知りません。彼は異なる場所にある時計を光の交信で合わせる操作的な思考実験を通じて，光速不変の原理からローレンツ変換を導いています。

香織 熱力学を，力学のように基本方程式からトップダウン的に全部導くことはできないのでしょうか？

先生 後でお話する統計力学がそれであると，誤解する人もいますが，そうではありません。熱力学が経験則として基礎にあると思います。

春樹 熱力学第3法則や第0法則というのも聞いたことがあるのですが，何なのでしょうか？

先生 第3法則はネルンスト（W. H. Nernst）の法則ともいわれていますが，絶対零度ではエントロピーがゼロになるというものです。基底状態に縮退がないことを仮定しているので，今回のテーマとは異なります。第0法則は，熱平衡に関する推移律，すなわち A と B が熱平衡にあり，B と C が熱平衡にあれば，A と C も熱平衡にあり，そのとき温度 T が共通になるというものです。これは，法則というよりは論理を厳密に展開するための「作法」と思います。

春樹 ここでの熱力学は抽象的で，まるで論理学です。物理としての内容が

感じられません。

先生 そのとおりですが，そのおかげで熱力学に普遍性があるのだと思います（笑）。でも，それはいったん理解した者のいうことで，初学者にはつらいものがあると思います。かくいう私も若いころはそうでした。理想気体の場合にいろいろな量を具体的に計算して慣れることをお薦めします。

9.7 まとめ

先生は，黒板に以下のことを書いて授業を終えました。

熱力学第 1 法則

準静的操作に対して，

$$dE = -dW + TdS \tag{9.13}$$

が成り立つ。

参考文献

[1] 田崎晴明：『熱力学＝現代的な視点から』培風館（2004）.

[2] 砂川重信：『熱・統計力学の考え方（物理の考え方3）』岩波書店（1993）.

第 10 章

熱力学第 2 法則

先生は，授業のはじめに黒板に

> 孤立系のエントロピーは増大する。

と書き，熱力学第 2 法則の標準的な表現です，といいました。

先生 ここでは「孤立系」の意味と，「増大する」の熱力学的に正確な意味が肝心です。孤立系といっているのは系の外部と熱の出し入れがないことです。たとえば，シリンダーのような系を発泡スチロールのような断熱壁で囲むと近似的に実現できます。また，「増大する」とは，体積などの示量性変数を操作して状態を変化させると，その前よりも後のエントロピーが大きいという意味です。運動方程式に従う系の自然な時間変化を述べているものではなく，外からの操作の結果に対して述べています。そういって先生は，次のように書き足しました。

> 温度 T と示量性の変数 V で定まる熱力学的状態 (T, V) から，別の状態 (T', V') に断熱操作で移行できる必要十分条件はエントロピーを S として
> $$S(T, V) \leq S(T', V') \qquad (10.1)$$
> である。

84　第 10 章　熱力学第 2 法則

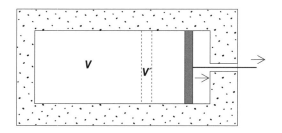

図 10.1　断熱過程における状態変化。系と外界のあいだに熱の出入りはないようにして，体積を V から V' に増加させる。

香織　示量性はどういう意味でしょうか？
先生　同じ系を 2 つ用意すると 2 倍になるような量をいいます。体積などがその例です。他方，温度は変わりませんので，示強性の量といいます。
春樹　等号成立にあたるのはどのような操作ですか？
先生　準静的操作です。
香織　孤立系といっていながら，外からピストンを動かしてよいのですか？
先生　外界との熱のやりとりを断っているだけで，仕事をさせることを禁じていません。

10.1　エントロピー

春樹　断熱操作で状態が移行する，という意味がわからないのですが。
先生　ちょっとはしょり過ぎたいい方でした。シリンダーを断熱壁で囲い，系全体に熱の出し入れがないようにして，ピストンを引くなどの力学的な操作を行います。それによって，示量性の変数 V（たとえばシリンダーの体積）を変化させ，その結果として一般には温度が変わります。状態量としてのエントロピーは操作のはじめとおわりの平衡状態の値として定義されていますが，操作の途中は準静的である必要はなく，非平衡過程でもよいことに注意しましょう。たとえば，ピストンを急に引く，というのでもよいのです。
香織　以前教わったと思いますが，その「状態量としてのエントロピー」を復習していただけませんか？

10.1 エントロピー

先生 第 9 章の復習になりますが，カルノーの定理を書き換えると温度 T (T') の等温過程で獲得できる最大の仕事を $W(T, 1 \to 2)_{\max}$ ($W(T', 1 \to 2)_{\max}$) とすると，

$$\frac{W(T, 1 \to 2)_{\max}}{T} = \frac{W(T', 1 \to 2)_{\max}}{T'} \tag{10.2}$$

が成り立ちます。エントロピーの変化 $S(1 \to 2)$ を

$$\frac{W(T, 1 \to 2)_{\max}}{T} =: S(1 \to 2) \tag{10.3}$$

と定義します。熱浴が 1 つだけの場合に，そこから仕事をとり出すことができないというケルヴィンの原理を経験事実から，ここで任意のサイクル $1 \to 2 \to 3 \to \cdots \to 1$ から得られる仕事がゼロ，すなわち $W(T, 1 \to 2 \to 3 \cdots \to 1)_{\max} = 0$ であることがわかります。したがって，右辺が，状態 1 のエントロピーと状態 2 のエントロピーの差 $S(2) - S(1)$ と表せることがわかります。これにより，エントロピーは，状態の関数すなわち状態量であることがわかります。

春樹 それでは，具体例をおたずねします。温度 T 体積 V の理想気体のエントロピーはどうなるのですか？

先生 導出については，教科書（たとえば，[2]）をみていただくと，

$$S(T, V) = C_V \log T + N k_{\mathrm{B}} \log V + \mathrm{const.} \tag{10.4}$$

となります。

春樹 この公式のエントロピー増大の法則への適用例を教えてください。

先生 理想気体を真空中に放ち，断熱的に体積が V から V' の状態になるときのエントロピーの変化 ΔS を考えます。内部エネルギーの変化はありませんから，温度の変化もなく ΔS を上記の公式で計算すると，

$$\Delta S = N k_{\mathrm{B}} \log \frac{V'}{V} \tag{10.5}$$

となり，エントロピー増大 $\Delta S > 0$ から，体積膨張 $V' > V$ が導かれます。

春樹 なるほど，気体が拡散するのでもっともです。断熱壁で囲まれたシリンダーのピストンを素早く引く場合に似ています。

香織 準静的でなく可逆でもないのですね。

先生 そのとおりです．前回の第1法則のところで学んだように，準静的だとエントロピーの変化 ΔS は熱の系への流入 ΔQ を用いて，

$$\Delta S = \frac{\Delta Q}{T} \tag{10.6}$$

と書けます．さらに断熱的だと熱の流入もないのでエントロピーは変わりません．逆に，式 (10.5) が成り立つ過程は準静的であり得ません．

春樹 断熱冷却と真空中での膨張とは関係あるのですか？

先生 まったく別のことです．断熱壁で囲ったシリンダーのピストンをゆっくり引いて断熱準静的に体積を膨張させると，理想気体の場合に，圧力 p と体積 V のあいだに

$$pV^\gamma = \text{一定} \tag{10.7}$$

$$\gamma = \frac{C_v}{C_p} \tag{10.8}$$

の関係があります．ここに，C_v と C_p はそれぞれ定積比熱，定圧比熱を表します．これとボイル–シャルルの法則 $pV = Nk_\text{B}T$ を組み合わせると，

$$\frac{T'}{T} = \left(\frac{V}{V'}\right)^{\gamma-1} \tag{10.9}$$

になり，$\gamma - 1 = (C_p - C_v)/C_p = R/C_p > 0$ なので，式 (10.9) は $T'/T < 1$ を意味し，シリンダーの温度は下がることになります．気象現象に関係するのはこちらの方でしょう．直観的には，ピストンが準静的に後退するに従ってシリンダーの中の気体分子の運動量が減少して，内部エネルギーが減少することから理解できます．エントロピーの変化を計算してみると 0 であることを確かめることができます．

香織 第2法則には，ほかにもいろいろな表現があるようですが，整理していただけませんか？

先生 ケルヴィンの原理をいい換えたものがいくつかあります．

---

(1) クラウジウス（R. J. E. Clausius）の原理
   熱が低温の物体から高温の物体に移動することはできない．

(2) 第2種永久機関不可能の原理
　　1つの熱源を使った熱機関は存在しない。

　いずれも,「他に何の変化も起こさないで」というただし書きがついています．(2) がケルヴィンの原理と同等であることは自明でしょう．(1) は背理法を使ってケルヴィンの原理を使って証明できますので，教科書（たとえば [2]）をみてください．

　少し，似たようなものにプランク（M. Planck）の原理があります．プランクの原理とは，状態量を変えないで温度だけを変える断熱操作をすると，温度は上昇するというものです．たとえば，物体をこすれば熱くなることはあっても冷たくなることはない，というものです．これは，ケルヴィンの原理から導くことができます．私の好みをいえば，ケルヴィンの原理を経験則として認め，そこからエントロピー増大やプランクの原理を導く方法です．

香織　それでは，プランクの原理をケルヴィンの原理から導いてください．

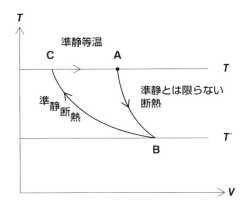

図 10.2　ケルヴィンの原理からプランクの原理を背理法で導く．(A → B) のように断熱的に温度を下げる過程があったとする．(B → C) は断熱準静圧縮操作．(C → A) は等温準静的操作でサイクル (A → B → C → A) が閉じる．これは，1つの熱源による外に対する正の仕事を意味して，ケルヴィンの原理に反する．

先生
1. 断熱操作（A → B）により温度を $T \to T'$（図 10.2 の実線）に図 10.2 の太線のように下げることができるとしましょう。
2. 図 10.2 のように，断熱・準静的に圧縮操作 B → C を引き続いて行います。すると，内部エネルギーが増加するので温度が上がり，T に達します。
3. さらに，そこで温度 T の熱源と接触させながら，等温・準静的に膨張させて，A の状態に戻る。サイクル A → B → C → A を考えると，1 つの熱源（温度 T）によって，仕事がとり出せたことになり，ケルヴィンの原理に反します。

したがって，断熱過程により温度を下げることはできないこと（プランクの原理）が示されました。

春樹 B → C の過程で，内部エネルギーが増加するのはなぜでしょうか？

先生 準静的なので，熱力学第 1 法則

$$dE = TdS - pdV$$

が成り立ち，断熱過程なので $TdS = 0$．したがって，圧力 p が正であり体積が減少 $dV < 0$ するので

$$dE = -pdV > 0$$

となり，内部エネルギーが増加します．

香織 内部エネルギーが温度の増加関数であることは仮定するのですか？

先生 はい，これは仕様がありません．

10.2 統計力学と第 2 法則

香織 統計力学から第 2 法則をみると，どうなりますか？

先生 第 11 章を先取りになりますが，ミクロカノニカル統計で考えてみましょう．孤立系のエネルギーを E としたときの系の状態密度を $\Omega(E)$ としましょう．そのとき，系のエントロピーはボルツマン公式 $S(E) = k_B \log \Omega(E)$ と与えられ，温度は $1/T = \partial S(E)/\partial E$ となります．

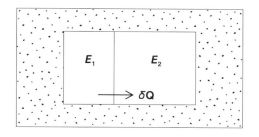

図 10.3 熱は温度の高い方から低い方に流れる。断熱壁に囲まれた系 1（エネルギー E_1）と系 2（エネルギー E_2）が接触している。

春樹 これが大前提ですね。
先生 2 つの系が接触していて，それぞれの系のエネルギーを E_1 と E_2 とし，対応する状態密度を $\Omega(E_1)$, $\Omega(E_2)$ としましょう。また，上記の公式で決まる温度をそれぞれ T_1, T_2 とします。ただし，2 つの系全体は孤立しているとし，エネルギーの総和 $E_1 + E_2$ は保存しているとします。さて，質問ですが，エネルギーは系 1 から系 2 に流れるとします。そのとき，系 1 と系 2 の温度はどちらが高いでしょうか？
春樹 答えは知っています。系 1 の温度の方が高い，ですね。冷えたコーヒーを置いておいても自然に暖まることはありませんから。
先生 そうです。まさに第 2 法則のいい方の 1 つです。それをエントロピー増大と関係づけることができますか？
香織 なるほど，筋書きがみえてきました。全系の状態密度は確率でもあるので，おのおのの積 $\Omega_{\text{tot}}(E_1 + E_2) = \Omega(E_1)\Omega(E_2)$ になるので，全エントロピーは $S_{\text{tot}}(E_1 + E_2) = S(E_1) + S(E_2)$ です。エネルギーの流れ $\delta E_1 = -\delta E_2 = -\delta Q$ に対して，全エントロピーの変化は

$$\delta S_{\text{tot}} = \frac{\partial S}{\partial E_1}\delta E_1 + \frac{\partial S}{\partial E_2}\delta E_2$$
$$= \frac{1}{T_1}\delta E_1 + \frac{1}{T_2}\delta E_2 = \left(\frac{1}{T_1} - \frac{1}{T_2}\right)(-\delta Q)$$

となります。
春樹 なるほど。熱が系 1 から系 2 に流れる，すなわち $\delta Q > 0$ とすると，

90　第10章　熱力学第2法則

全エントロピーの増大 $\delta S_{\text{tot}} > 0$ から，$T_1 > T_2$ がいえますね．つまり，熱は温度が高い方から低い方に流れるというクラウジウスの原理と孤立系にエントロピーが増大する法則が理解できました．少し賢くなった気がします．

先生　そのとおりです．全エントロピーが増えるということは状態数も増えるということです．つまり，確率の高い方向にものごとが移行する，という常識とも一致します．統計力学の視点からみると，熱力学第2法則と確率との関係が明確になります．

10.3　このさい聞いておこう

春樹　エントロピーが時間的に増加する，といういい方は不正確なのですね．

先生　はい．増大する方が確率が高い，というのが適切です．

10.4　まとめ

先生は，黒板に以下のことを書いて授業を終えました．

> 孤立系の状態変化は，エントロピーが増大する方向にのみ起こる．このことは，その変化の方向の確率が高い，ということを意味する．

参考文献

[1] 田崎晴明：『熱力学＝現代的な視点から』培風館（2004）．

[2] 久保亮五ほか：『熱学・統計力学』裳華房（1961）．

第 11 章

統計力学

先生は，授業のはじめに黒板に次のことを書きました。

ボルツマン（L. E. Boltzmann）公式

準静的操作に対して，系の内部エネルギー E，圧力 p，体積 V とエントロピー S に対して熱力学第 1 法則

$$dE = -pdV + TdS \tag{11.1}$$

が成り立つことは，第 9 章でみた。断熱壁で囲まれた系のエネルギーが E のときの状態数を $w(E)$ とすれば，エントロピー S は，k_{B} をボルツマン定数として，ボルツマン公式

$$S(E, V) = k_{\mathrm{B}} \log w(E) \tag{11.2}$$

で与えられる。これと熱力学第 1 法則を組み合わせれば

$$\frac{\partial S(E, V)}{\partial E} = \frac{1}{T} \tag{11.3}$$

$$\frac{\partial S(E, V)}{\partial V} = \frac{p}{T} \tag{11.4}$$

となる。式 (11.3) を E について解くと，内部エネルギー E を温度 T と体積 V の関数として求めることができる。式 (11.4) からは圧力 p が求まる。

11.1 ミクロカノニカル統計の例

香織 そもそも統計力学とはどのようなものでしょうか？

先生 ある系のミクロな物理理論から，統計的平均操作を行い，その系の熱力学的な諸量を求めるものです。ここでは，熱平衡にある場合に限定します。とくに，ボルツマン公式から出発して，内部エネルギー，エントロピー，圧力などの熱力学的諸量を与えるこの処方箋をミクロカノニカル統計といいます。

春樹 この処方箋がどう役に立つか知りたいので簡単な例を示してください。

先生 質量 m の粒子 N 個からなる理想気体を考えましょう。黒板には，簡単のためにエネルギーが離散的な値をとる場合を書きましたが，連続的な値をとるときには工夫が必要です。

巨視的な系のエネルギーが E と $E+\mathrm{d}E$ のあいだにあるときの微視的な状態の数を $w(E)\mathrm{d}E$ とします。自由粒子の場合に具体的に考えましょう。

粒子の状態はその位置と運動量で指定される相空間内の 1 点に対応します。そこに量子的な広がりを考慮すると，微視的な状態の数を数え上げることができます。ここでは，天下り的に $w(E)$ をエネルギーが E 以下の状態数 $\Omega_0(E)$ でおき換えてよいとします。

$$\Omega_0(E) = \frac{V^N}{h^{3N}N!}\frac{(2\pi mE)^{3N/2}}{\Gamma(3N/2+1)} \tag{11.5}$$

式 (11.5) をボルツマン公式にある $w(E)$ のかわりに代入して，$N \gg 1$ で成り立つスターリングの公式 $\log N! \approx N\log(N/\mathrm{e})$ を用いると，

$$\begin{aligned}S(E,V) &\approx k_\mathrm{B} \log \Omega_0(E) \\ &= Nk_\mathrm{B}\left[\log\left(\frac{V}{N}\right) + \frac{3}{2}\log\left(\frac{2E}{3N}\right) + \frac{\log(2\pi m)^{3/2}\mathrm{e}^{5/2}}{h^3}\right]\end{aligned} \tag{11.6}$$

を得ます。これを，エネルギー E について微分すると

$$\frac{1}{T} = \frac{\partial S(E,V)}{\partial E} = \frac{3}{2}\frac{Nk_\mathrm{B}}{E} \tag{11.7}$$

となり，ベルヌーイ（D. Bernoulli）の関係式

$$E = \frac{3}{2}Nk_\mathrm{B}T \tag{11.8}$$

を得ます。

11.1 ミクロカノニカル統計の例

体積 V について微分すると

$$\frac{p}{T} = \frac{\partial S(E,V)}{\partial V} = \frac{Nk_\mathrm{B}}{V} \tag{11.9}$$

となるので，ボイル–シャルルの法則（R. Boyle, J. Charles）

$$pV = Nk_\mathrm{B}T \tag{11.10}$$

を再現します。

春樹 第 9 章の熱力学のところを思い出してみると，ボイル–シャルルの法則は熱力学を確立するために使っているので，単なる確認であり，ベルヌーイの関係式が統計力学による新しい結果なのですね。

先生 まさに，そのとおりです。ただし，ベルヌーイは，気体分子運動論的考察から導いたと聞いています。

香織 $\Omega_0(E)$ が，状態数であることの根拠を示してください。

先生 大前提として，状態数は相空間内で等しく相体積に比例するとする等重率を仮定します。つまり，すべての状態は同じ確からしさで起こると考えます。

量子力学から，1 粒子の相体積の最小単位は h をプランク定数として h^3 なので，$\Omega_0(E)$ はエネルギーが E 以下の N 粒子の相体積

$$\int_{\sum_i p_i^2/2m \leq E} \mathrm{d}^3 x_1 \mathrm{d}^3 p_1 \int \mathrm{d}^3 x_2 \mathrm{d}^3 p_2 \cdots \int \mathrm{d}^3 x_N \mathrm{d}^3 p_N$$

を h^{3N} で割ったものです。相体積の表式において体積積分が N 個乗じられているので因子 V^N が得られ，運動量空間で半径が $\sqrt{2mE}$ の $3N$ 次元球の体積は

$$\left(\sqrt{2mE}\right)^{3N} \frac{(2\pi)^{3N/2}}{\Gamma(3N/2+1)}$$

となります。これらを掛けて，$N!$ で割ると (11.5) 式になります。

香織 $w(E)$ を $\Omega_0(E)$ におき換えてよいことがまだ説明されていません。

先生 N が大きいとき，E の近傍の状態がそれ以下の状態数に比べて圧倒的に多いから許されるのです。

理想気体の場合にみると，$\Omega_0(E) \approx E^{3N/2}$，$w(E) \approx E^{3N/2-1}$ なので，粒

子数 N が大きいときにはたいして違いません．N のオーダーのエントロピーに対して，違いはオーダー 1 なので無視できます．同じことが，エネルギーの幅 dE に依存する項についてもいえます．N が大きいときには，その項のエントロピーへの寄与は無視できるほど小さいことを示すことができます．

香織 $1/N!$ は，どういう理屈で掛けられているのでしょう．

先生 これがないとき，エントロピーの表式が，示量的な表式にならず，ギブズ（J. W. Gibbs）のパラドックスとよばれて議論されていました．くわしくいうと，対数の引数が密度 V/N や E/N の密度量にならないので，エントロピー全体としては，系を 2 倍にしても 2 倍にならないなど妙なことになります．$1/N!$ を考慮するとこの問題は解消しますが，h の導入と同様に，古典論だけでは説明できません．

11.2 量子統計——2 準位系

香織 状態数 $w(E)$ とは何かが量子統計ではっきりする例を挙げてください．

先生 N 個の 2 準位系の例が簡単でよいでしょう．基底状態のエネルギーを 0 とし，励起状態のエネルギーを ϵ としましょう．どの粒子が励起状態にあるかによって全系の状態は異なります．状態数 w は励起状態にある粒子数 n で決まり，

$$w = \frac{N!}{n!(N-n)!} \tag{11.11}$$

です．一方，全エネルギーは $E = n\epsilon$ ですから，上の式において $n = E/\epsilon$ とおき換えれば，状態数をエネルギー E の関数として表せたことになります．スターリングの公式を使えばエントロピーは，

$$\begin{aligned}\frac{S(E)}{k_{\mathrm{B}}} &= \log w \\ &\approx 6N\log N - n\log n - (N-n)\log(N-n).\end{aligned} \tag{11.12}$$

したがって，

$$\frac{1}{k_{\mathrm{B}}T} = \frac{\partial S(E)}{\partial E} = \frac{1}{\epsilon}\log\left(\frac{N-n}{n}\right) \tag{11.13}$$

これから，内部エネルギー E は

$$E = n\epsilon = N\frac{\mathrm{e}^{-\epsilon/k_\mathrm{B}T}}{1+\mathrm{e}^{-\epsilon/k_\mathrm{B}T}} \tag{11.14}$$

となります。

11.3　カノニカル統計

春樹　孤立系のエネルギー E を固定する条件下で状態数 $w(E)$ を求めることは，複雑な系の場合，大変そうですね。

先生　そうですね，問題の立て方を変えましょう。系が温度 T の熱浴と接触しているとしましょう。そのときの系と熱浴の間にエネルギーのやりとりがあるので，平均的な値は温度 T で決まりますが，E は固定されず原理的にはどんな値もとり得ます。春樹君の指摘した技術的な困難は少し緩和されそうです。熱力学変数は，(E,V,N) から (T,V,N) に変更になります。それにともなって，準静過程における熱力学第 1 法則を，ヘルムホルツの自由エネルギー $F = E - TS$ を用いて表すと

$$\mathrm{d}F = -p\mathrm{d}V - S\mathrm{d}T \tag{11.15}$$

となります。

香織　その場合の統計力学をミクロカノニカル統計から導くのですね。

先生　はい。そのために系が温度 T の熱浴と接触しているとして，それ全体を孤立系としてミクロカノニカル統計を適用しましょう。図 11.1 をみてください。熱浴と接している系が，エネルギー E をもつとき，全体の状態数は熱浴の状態数 $w_\mathrm{th}(E_\mathrm{th}-E)$ と系の状態数 $w(E)$ の積になります。

$$\begin{aligned}w_\mathrm{th}(E_\mathrm{tot}-E)w(E) &= \exp(\log w_\mathrm{th}(E_\mathrm{tot}-E))w(E)\\ &\approx \exp\left(\log w_\mathrm{th}(E_\mathrm{tot}) - \frac{\partial \log w_\mathrm{th}(E_\mathrm{tot})}{\partial E_\mathrm{tot}}E\right)w(E)\\ &= w_\mathrm{th}(E_\mathrm{tot})\exp\left(-\frac{E}{k_\mathrm{B}T}\right)w(E)\end{aligned} \tag{11.16}$$

となります。ここで，$\log w(E_\mathrm{tot}-E)$ を $E/E_\mathrm{tot} \ll 1$ として E についてテイラー展開して，ミクロカノニカル統計における公式 $\partial S(E,V)/\partial E = 1/T$

96　第 11 章　統計力学

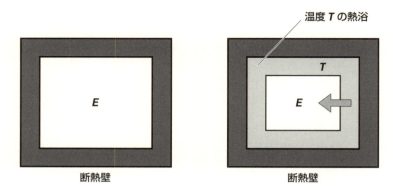

図 11.1　孤立系と熱浴と接触する系。孤立系：たとえば，系を断熱壁で囲む。温度 T の熱浴と平衡にある系：系と熱浴の間にエネルギーのやりとりがある。それ全体を孤立系とみなすこともできる。

を熱浴系に対して適用しました。

　したがって，系が温度 T の熱浴からエネルギー E の状態の 1 つをとる確率が

$$p(E) = \frac{e^{-E/k_B T}}{Z} \tag{11.17}$$

であることがわかります。これをカノニカル統計とよびます。ここに，Z は分配関数とよばれるもので

$$Z := \sum_E e^{-E/k_B T} w(E) \tag{11.18}$$

と定義されます。分配関数は便利な量で，これさえ求まれば，エネルギーの平均値 $\langle E \rangle$，すなわち内部エネルギーは

$$\langle E \rangle = \frac{1}{Z} \sum_E E \cdot e^{-E/k_B T} w(E) = -\frac{\partial \log Z}{\partial \beta} \tag{11.19}$$

と，機械的に計算できます（$\beta := 1/k_B T$）。

春樹　Z 自体に物理的な意味があるのですか？

先生 はい。エネルギーの平均値に対するヘルムホルツの自由エネルギー F は，$F=-k_\mathrm{B}T\log Z$ で与えられます。このことは Z の表式における，エネルギー E についての和をその平均値で代表させると，$w=\mathrm{e}^{S/k_\mathrm{B}}$ を用いて，$Z=\log[\mathrm{e}^{-E/k_\mathrm{B}T}\mathrm{e}^{S/k_\mathrm{B}}]$ となることから導けます。

春樹 応用例を1つ挙げていただけますか。

先生 さきほどの2準位系の内部エネルギーをカノニカル統計に基づいて計算しましょう。

$$Z=\sum_E \mathrm{e}^{-E/k_\mathrm{B}T}w(E)=1+\mathrm{e}^{-\epsilon\beta} \tag{11.20}$$

内部エネルギーについての公式 (11.19) にあてはめると，ミクロカノニカル統計による結果

$$\langle E\rangle=-\frac{\partial\log Z}{\partial\beta}=\frac{\epsilon\mathrm{e}^{-\epsilon/k_\mathrm{B}T}}{1+\mathrm{e}^{-\epsilon/k_\mathrm{B}T}} \tag{11.21}$$

を再現します。

11.4 このさい聞いておこう

香織 ミクロカノニカル統計とカノニカル統計は等価ですか？

先生 2準位系の平均エネルギーの例のように，多くの系で同じ結果を与えますが，つねにそうとは限りません。ミクロカノニカル統計の方を基礎とした場合，式（11.16）にある近似が成立する場合に限ります。

香織 カノニカル統計が成り立たない物理系がありますか？

先生 はい。重力が重要な系だと比熱が負になることがあります。投入するエネルギーが静止質量に化けてしまい運動エネルギーの増加，すなわち温度の上昇に使われないためです。一方，カノニカル統計では比熱は必ず正になることを示すことができます。

春樹 そのときはミクロカノニカル統計に戻るのですね。

先生 はい，そうです。

香織 そもそも，ミクロカノニカル統計における，ボルツマン公式はどこから導かれるのでしょうか。

先生 導出と称するものはあり熱力学と整合的であることは確かですが，結局何かを仮定しています。この授業では統計力学の基礎づけに立ち入ることはしないので，知りたければ専門家にお尋ねになってください。

春樹 前の章で，先生は，熱力学第 3 法則は統計力学の問題だといいましたが，ここで説明してください。

先生 全体温度がゼロになる極限では，確率 $e^{-E/k_B T}$ のために基底状態だけが実現します。基底状態に縮退がなければ，$w=1$ となり，エントロピーはゼロになるので，第 3 法則となります。

香織 熱力学と統計力学のどちらが基本的なのでしょうか？

先生 統計力学といっても，ここでは平衡統計力学に限ります。熱力学と統計力学は理論としては別物です。熱力学が経験則として普遍的に確立しているのに対して，統計力学はミクロな力学から平衡過程の熱力学的諸量を，熱力学と整合的に計算する処方と思うべきだと思います。

11.5 まとめ

先生は，黒板に以下のことを書いて授業を終えました。

孤立系のエネルギーが E のときの状態数 $w(E)$ とすれば，エントロピー S はボルツマンの公式

$$S(E,V) = k_B \log w(E) \tag{11.22}$$

で与えられる。これと熱力学第 1 法則を組み合わせれば

$$\frac{\partial S(E,V)}{\partial E} = \frac{1}{T} \tag{11.23}$$

となる。これを E と解くことにより，内部エネルギー E を温度 T の関数として求めることができる。

　系が温度 T の熱浴と接触しているとき，分配関数 Z を

$$Z = \sum_E \mathrm{e}^{-E/k_\mathrm{B}T} w(E) \tag{11.24}$$

と定義すると，内部エネルギーは

$$\langle E \rangle = -\frac{\partial \log Z}{\partial \beta} \tag{11.25}$$

と与えられる．

参考文献

[1] 久保亮五ほか：『熱学・統計力学』裳華房（1961）．

第 12 章

ブラウン運動とアインシュタインの関係式

先生は，授業のはじめに黒板に次のことを書きました。

ブラウン運動

溶液中の微粒子を観察するとランダムな運動をしている。これは，熱運動をしている溶液分子がいろいろな方向からつぎつぎと微粒子に衝突し突き飛ばすからである [1]。その状況で微粒子が時間 t のあいだに進む平均距離 $\bar{x}$ は

$$\bar{x} = \sqrt{2Dt} \tag{12.1}$$

となり，D は拡散係数とよばれる。この系に弱い外力 f を掛けると，微粒子は力に比例する速度 $v = \mu f$ で運動する。その係数 μ を溶液中での粒子の移動度とよぶ。拡散係数 D と移動度 μ の間にアインシュタイン（A. Einstein）の関係式

$$D = \mu k_\mathrm{B} T \tag{12.2}$$

が成り立つ。ここで，k_B はボルツマン定数で，T は温度である。

12.1　1 次元酔歩のモデル

香織　平均距離が時間の平方根に比例するところがおもしろいですね。統計

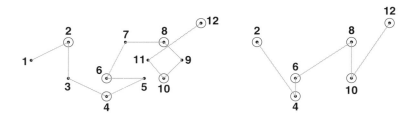

図 12.1 ブラウン運動。時間 τ ごとに微粒子の位置を観察し記録する。それを直線でつないだもの。したがって，折れ線は微粒子の軌跡そのものではない。右図のように偶数番目を抜き出すと歴然とするが，時間間隔を変えるとまったく違う折れ線が現れる。

学で N 個のサンプルのデータの誤差が $\sqrt{N}$ に反比例することを思い出しました。

先生 じつは関係あります。

春樹 簡単なモデルで，そこをみせてください。

先生 粒子の 1 次元酔歩を考えましょう。ある粒子が時間 τ 後に，確率 $1/2$ で右に a だけ進み，確率 $1/2$ で左に a だけ進むとします。これを K 回くり返すとします。粒子の平均的な位置はどこでしょうか？

春樹 行きつ戻りつするだけなので，もとの位置です。

先生 そのとおりです。でも，くり返すうちに次第に遠くに行く場合も出てきます。これを拡散といいます。水に垂らしたインクが拡散していくのをイメージしてください。その広がりを見積もるために，粒子の位置 x の 2 乗平均を考えましょう。1 回のステップで $\langle x^2 \rangle = a^2$ ですから，K 回目，すなわち時間 $t = K\tau$ 後に

$$\langle x^2 \rangle = a^2 K = \frac{a^2}{\tau} t \tag{12.3}$$

となります。黒板にある公式と比較すると，拡散係数は，$\bar{x} = \sqrt{\langle x^2 \rangle}$ として，

$$D = \frac{a^2}{2\tau} \tag{12.4}$$

となります。

香織 ポイントは理解しました。1 ステップの長さ a とそれにかかる時間 τ

はミクロな量です。一方，黒板に書いてあるアインシュタインの関係式の右辺はマクロな量ばかりですね。どうやって導くのでしょうか？

12.2 移動度

先生 もう1つマクロな量を考察し，それをミクロな量 a と τ で表しておいて，拡散係数に対する公式と比較するのです。酔歩のモデルに一様な弱い外力を加えてみましょう。粒子の運動はどう変化するでしょうか？

春樹 左右に行ったり来たりしながらも力の方向に移動して行きます。

先生 そのとおりです。それを定量化しましょう。力の大きさを f とし，方向は右向きとしましょう。a だけ右に進むと粒子の位置エネルギーは0から $-af$ まで減少し，平均的には $-af/2$ です。逆に左に進むとエネルギーは平均的に $af/2$ です。粒子が左右に進む確率に，温度 T のカノニカル分布（第11章参照）を使うと，外力 f が小さいときに

$$p(右) = \frac{e^{af/2k_BT}}{e^{-af/2k_BT} + e^{af/2k_BT}} \approx \frac{1}{2} + \frac{af}{4k_BT}$$

$$p(左) \approx \frac{1}{2} + \frac{af}{4k_BT}$$

となります。1ステップで粒子の進む平均距離は $ap(右) - ap(左) \approx a^2f/2k_BT$ ですから，時間 τ 経つあいだの平均速度 v は

$$v = \frac{a^2}{2\tau k_BT} f =: \mu f \tag{12.5}$$

となります。ここで，μ は移動度とよばれるものです[1]。上の考察から移動度 μ は

$$\mu = \frac{a^2}{2\tau k_BT} \tag{12.6}$$

と与えられます。右辺は，a，τ というミクロな量に依存しています。一方，前に述べた拡散係数の表式 $D = a^2/2\tau$ と合わせると

$$\mu = \frac{D}{k_BT} \tag{12.7}$$

---

[1] アインシュタインは，ストークスの公式 $\mu = 1/6\pi a\eta$ を用いています。

とマクロな量のあいだの関係になります。これをアインシュタインの関係とよびます。

香織 マクロな関係を水分子との衝突による酔歩というミクロな考察から導いたのですね。

先生 そうです。上の式を少し書き直して，R を気体定数，N_avo をアボガドロ数とし，$R = N_\mathrm{avo} k_\mathrm{B}$ に留意すると

$$D = \mu \frac{RT}{N_\mathrm{avo}} \tag{12.8}$$

となります。このことから，D と μ を測定すればアボガドロ数を求める式ともいえるのです。事実アインシュタインの 1905 年の論文の流れはそうなっています。ブラウン運動から分子の存在を示し，アボガドロ数を実験的に求めたのはペラン（J. B. Perrin）です [3]。

12.3 確率分布関数

先生 微粒子が，K ステップ行きつ戻りつするあいだに，右向きに k ステップ（したがって，左向きに $(K-k)$ ステップ）進む確率は，2 項分布

$$p(k) = \frac{K!}{k!(K-k)!} p_右^k p_左^{K-k} \tag{12.9}$$

で与えられます。前の因子 $K!/k!(K-k)!$ は，K ステップのうち k ステップが右に進む場合の数です。

春樹 その因子のおかげで，k について和をとると確かに $(p_右 + p_左)^K = 1$ になります。

先生 この式に以前カノニカル統計から導いた近似式，$p_右 \approx \mathrm{e}^{af\beta/2}/2$，$p_左 \approx \mathrm{e}^{-af\beta/2}/2$ を代入し，スターリングの公式

$$K! \approx \sqrt{2\pi K} \left(\frac{K}{\mathrm{e}}\right)^K \tag{12.10}$$

を用いると，確率分布 $p(k)$ は

12.3 確率分布関数

$$p(k) = \frac{\sqrt{2\pi K}}{\sqrt{2\pi k}\sqrt{2\pi (K-k)}} \frac{1}{2^K} \times (e^{af\beta/2})^k (e^{-af\beta/2})^{K-k}$$

$$\times \exp\left[K\log\left(\frac{K}{e}\right) - k\log\left(\frac{K}{e}\right) - (K-k)\log\left(\frac{K-k}{e}\right)\right]$$

と近似されます。

香織 スターリングの公式を高次までとり入れていますね。

先生 ステップ数 K, k と経過時間 t, 距離 x の関係は $K\tau = t, (2k-K)a = x$, すなわち

$$K = \frac{t}{\tau}, \qquad k = \frac{K}{2} + \frac{x}{2a} \tag{12.11}$$

です。$x/2aK \ll 1$ のとき, $dk = dx/2a$ を考慮すると,

$$p(k)dk \approx \frac{dx}{2a} \frac{\sqrt{2}}{\sqrt{\pi t/\tau}} \exp\left[-\frac{x^2}{2a^2 t/\tau} + \frac{\beta f x}{2}\right]$$

となり, ガウス関数になります。

春樹 2項分布が, ある極限で正規分布になることは総計学の授業で聞いたことがあります。

先生 さらに, $D = a^2/2\tau$ を用いて a と τ を消去すると, 外力が小さいとき,

$$p(k)dk \approx \frac{dx}{\sqrt{4\pi Dt}} \exp\left[-\frac{x^2}{4Dt} + \frac{\beta f x}{2}\right]$$

$$\approx \frac{dx}{\sqrt{4\pi Dt}} \exp\left[-\frac{(x-vt)^2}{4Dt}\right] =: F(x,t)dx \tag{12.12}$$

ここで,

$$v := D\beta f \tag{12.13}$$

とおきました。

春樹 グラフに描いてみましょう。広がりは $2Dt$ くらいですが, この分布関数 $F(x,t)$ は中心値が $v = \mu f$ で右に移動するガウス分布ですので, v を速度と解釈してよさそうです。

先生 はい, そのとおりです。移動度 μ を $v = \mu f$ で定義すると, アインシュタインの関係

$$\mu = D\beta = \frac{D}{k_B T} \tag{12.14}$$

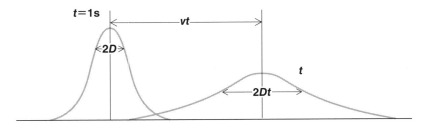

図 12.2 分布関数の時間変化。$2Dt$ くらいの広がりの分布関数の中心値が $v = \mu f$ で右に移動する。

を再現します。

香織 1 個の微粒子の運動を考えるかわりに，その分布関数の時間変化を見たのですね。それを支配する法則は何でしょうか？

先生 直接に微分を実行してわかるように，分布関数 $F(x,t)$ は初期値を $F(x,0) = \delta(x)$ として，拡散方程式

$$\frac{\partial F(x,t)}{\partial t} + D\frac{\partial^2 F(x,t)}{\partial x^2} = 0 \tag{12.15}$$

を満たします。

香織 これは，空間 1 次元の場合ですね。空間 3 次元の場合はどうなるのですか？

先生 Δ をラプラシアンとして

$$\frac{\partial F(\boldsymbol{x},t)}{\partial t} + D\Delta F(\boldsymbol{x},t) = 0 \tag{12.16}$$

となります。

12.4 このさい聞いておこう

春樹 拡散と粘性は一見別の現象のようにみえるけれども，じつは背後に共通のランダムなプロセスがあり，アインシュタインの関係のように美しい法則が成り立つというのですね。

香織 でも，その関係はランダムな力が弱いときに，拡散係数と移動度を a と τ で表したときにたまたま得られた関係式のようにみえます。拡散と粘性

のあいだに本質的な関係があるという気がしません。

先生 そうですね，いろいろな量を外力に対して線形近似したときに出てくるものです。

香織 粒子の位置の時間的な変化を調べているので，いかにも平衡過程からはずれているようにみえますが，統計平均をとるときには平衡統計力学を使っています。

先生 そうですね。ブラウン運動の理論が，未完の非平衡統計力学に進むための重要な手がかりになるのか判然としません。ただし，線形近似の範囲では，広汎な応用例があり，一般化されたものは散逸揺動定理，あるいは久保公式として確立しています。

春樹 ペランがアインシュタインの関係を使ってアボガドロ数を実験的に求めたとおっしゃいました。どんな数値だったか教えてください。

先生 江沢洋さんの『だれが原子を見たか』[3] から引用します。ペランは，半径 $r = 0.2\,\mu$m の微粒子の温度 293 K での水中のブラウン運動を観察して，$2D = 2.6 \times 10^{-13}\,\mathrm{m}^2/\mathrm{s}$ を得ました。一方，その温度での水の粘性係数は $\eta = 1.0\,\mathrm{Ns/m}^2$。ここでアインシュタインの関係式 $k_\mathrm{B} = 6\pi\eta a D/T$ を用いて，$k_\mathrm{B} = 1.7 \times 10^{-23}\,\mathrm{J/K}$ を得ました。気体定数は $R = 8.3\,\mathrm{J/K}$ です。アボガドロ数は $N_\mathrm{avo} = R/k_\mathrm{B} = 5 \times 10^{23}$ と求められます。現在の値は 6.02×10^{23} ですから，そんなに悪い値ではありません。しかも，微粒子の大きさと溶液を変えても同じような値を得ています。

香織 ペランは分子の数を数えたわけですから，分子を見たといってよいのですね。微粒子の進む距離が時間の平方根に比例することも，観察で確認しているのですか？

先生 はい，そのとおりです。

春樹 分布関数 $F(x,t)$ を x について積分すると 1 になるのですか？

先生 はい，ガウス積分の公式 $\int_{-\infty}^{+\infty} \mathrm{e}^{-x^2}\mathrm{d}x = \sqrt{\pi}$ を使えば，確かめることができます。

香織 細かいことですが，スターリングの公式の高次の因子 $\sqrt{2\pi K}$ がそれを保証しているのですね。

12.5 まとめ

先生は，黒板に以下のことを書いて授業を終えました。

ブラウン運動をする微粒子の移動度 μ は $v = \mu f$ と定義され，拡散係数 D は拡散方程式

$$\frac{\partial F(\boldsymbol{x}, t)}{\partial t} + D \Delta F(\boldsymbol{x}, t) = 0$$

を特徴づけるパラメーターである。それらのあいだにはアインシュタインの関係

$$\mu = \frac{D}{k_\mathrm{B} T}$$

が成り立つ。

参考文献

[1] Wikipedia「ブラウン運動」の動画をみてください．

[2] 田崎晴明：『ブラウン運動と非平衡統計力学』(www.gakushuin.ac.jp/~881791/does/BMNESM.pdf)（2017 年 7 月現在）．

[3] 江沢 洋：『だれが原子をみたか』岩波書店（1976）．

第 13 章

量子力学の公理

先生は，授業のはじめに黒板に次のことを書きました。

量子力学の公理

(1) 重ね合わせの原理

ヒルベルト空間 $\mathcal{H}$ に属する状態 $|0\rangle$ と状態 $|1\rangle$ が物理的に実現可能な状態ならば，それぞれに複素数の係数 α と β を掛けて足した重ね合わせ

$$|\psi\rangle = \alpha|0\rangle + \beta|1\rangle \tag{13.1}$$

も物理的に可能な状態である[1]。

(2) 観測可能量

$\mathcal{H}$ に作用する演算子 A が，実数 a を固有値とし，$|a\rangle$ をその固有状態として

$$A|a\rangle = a|a\rangle \tag{13.2}$$

と書ける場合に A を測定可能量あるいは物理量とよぶ。

(3) シュレーディンガー方程式

時間を t として，物質の量子状態 $|\psi(t)\rangle$ の時間発展はシュレーディンガー方程式

$$i\hbar \frac{\partial |\psi(t)\rangle}{\partial t} = H|\psi(t)\rangle \tag{13.3}$$

---

[1] ここで，量子状態をディラックの記号 $|0\rangle$ あるいは $|1\rangle$ と表した [3]。0 と 1 は状態を区別するための符丁で，数値としての意味はない。

に従う。ここに，H は（1 粒子系の）ハミルトニアンとよばれる量であり，物理系を与えれば決まる。

(4) 波束の収縮と確率解釈

重ね合わせ状態

$$|\psi\rangle = \alpha|0\rangle + \beta|1\rangle \tag{13.4}$$

にあるときに，状態が $|0\rangle$ か $|1\rangle$ のどちらかを判定する測定をすると，状態は $|0\rangle$ か $|1\rangle$ のどちらかに

$$|\psi\rangle \to |0\rangle \tag{13.5}$$

$$|\psi\rangle \to |1\rangle \tag{13.6}$$

と飛躍する。その確率はそれぞれ係数の絶対値の 2 乗，$|\alpha|^2$, $|\beta|^2$ に比例する。$|\alpha|^2 + |\beta|^2 = 1$ と全体の大きさを 1 に規格化しておけば，それぞれ確率の意味をもつ。これをボルン（M. Born）則とよぶ。

(5) 多粒子状態[2]

粒子が複数あると，それぞれに対応したヒルベルト空間 $\mathcal{H}_1, \mathcal{H}_2, \cdots$ がある。2 粒子の量子状態 $|\psi(1,2)\rangle$ は 1 粒子状態 2 つ，$|\psi_1\rangle \in \mathcal{H}_1$ と $|\psi_2\rangle \in \mathcal{H}_2$ のテンソル積（積の線形結合）になる。たとえば，

$$|\psi(1,2)\rangle = \alpha|\psi_1\rangle \otimes |\psi_2\rangle + \beta|\psi_1\rangle' \otimes |\psi_2\rangle' \in \mathcal{H}_1 \otimes \mathcal{H}_2 \tag{13.7}$$

13.1　量子力学の学び方

先生　初学者が量子力学を学ぶときには伝統的な積み上げ方式がよい思います。プランク（M. Planck）の光量子仮説とド・ブロイ（L.-V. de Broglie）–アインシュタイン（A. Einstein）の関係から始め，シュレーディンガー（E. R. J. A. Schrödinger）方程式を簡単な系の場合に解き，感覚を身につけながらすり込んでいくやり方です。しかし，多くの学生にとって光子の話と電子の話がつながらなくなったり，量子力学が何を基本的に仮定しているのか

---

[2] より適切には，多自由度系。

わからなくなるのも事実です。そこで，量子力学をいったんすり込まれた人（と数学の学生）を対象に，公理という形で全体像を整理して提示したいと思います。考え方としては，ディラック（P. A. M. Dirac）の教科書に近いところがあります [3]。

13.2　公理（1）について

春樹　数学的な記述でいまひとつ理解できません。公理（1）の重ね合わせ状態の例を挙げていただけないでしょうか？

先生　ヤング（T. Young）の2重スリットの実験（図 13.1）では，衝立ての後方の状態は左のスリットを通過する状態 $|0\rangle$ と右のを通過する状態 $|1\rangle$ の重ね合わせ

$$|\psi\rangle = \frac{1}{\sqrt{2}}(|0\rangle + |1\rangle) \tag{13.8}$$

になります。ここで $1/\sqrt{2}$ は規格化因子です。この事情を波動関数で説明するとホイヘンス（C. Huygens）の原理（第6章参照）になります。

香織　波動関数と状態はどういう関係にあるのですか？

先生　粒子の時刻 t における位置 $\boldsymbol{x}(t)$ の値を x とすると[3]，左のスリットを通過する波動関数は $\langle x|0\rangle$ となります。右のスリットの場合も同様です。したがって，スリット通過後の波動関数はホイヘンスの原理から

$$\langle x|\psi\rangle = \frac{1}{\sqrt{2}}(\langle x|0\rangle + \langle x|1\rangle) \tag{13.9}$$

となります。左（右）スリットの位置を $x = \pm d/2$ とし，平面波近似では，$\langle x|0\rangle = e^{ik_x(x-d/2)+i(k_z z-ckt)}$，$\langle x|1\rangle = e^{ik_x(x+d/2)+i(k_z z-ckt)}$ となります。ここに k_x (k_z) は波数ベクトルの x (z) 成分，$k = \sqrt{k_x^2 + k_y^2}$ であり，c は光速です。

香織　単にベクトル空間の線形性をいっているのではなく，重ね合わせ状態が "物理的に実現できる" というのが，要なのですね。

先生　そのとおりです。ヤングの実験の場合には，スリットが2つある衝立

---

[3] 光子の位置演算子が定義できるか，という微妙な問題を脇に置く。必要なら，以下の2重スリットの話を非相対論的波動方程式に従い粒子に適宜読みかえて欲しい。

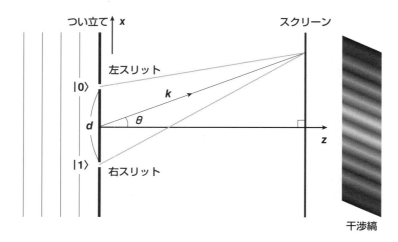

図 13.1 ヤングの2重スリットの実験

てを置くという物理的操作がそれにあたります。

13.3 公理（2）について

春樹 物理量にはどんなものがあるのですか？

先生 力学における，位置，運動量，角運動量，エネルギーなどです。電磁気学では電場，磁場とそれからつくられるマクスウェルの応力テンソルなどです。

春樹 そもそも，物理量が数値ではなく演算子であるというのが天下り的ですね。

先生 こればかりは，頭の切り替えをしなければなりません（苦笑）。

香織 たとえば，運動量演算子 p が位置座標演算子 x の固有関数 $f(x)$ に作用する仕方を何が決めるのでしょうか？

先生 それは代数，すなわち交換関係によって与えられます。たとえば，$\hbar$ をプランク定数として，電子の位置演算子 x と運動量演算子 p のあいだには，正準交換関係

$$xp - px = i\hbar$$

が成り立ちます。というよりは，この代数が位置と運動量を性格づけています。一般に，解析力学における正準共役量のあいだに成り立つ交換関係を，正準交換関係といいます。p と x に対する交換関係から，位置の任意の関数 f について，$pf(x) = -\mathrm{i}\hbar \mathrm{d}f(x)/\mathrm{d}x$ であることがわかります。

13.4 公理（3）について

春樹 ハミルトニアンはどのように与えられるのですか？

先生 古典論におけるハミルトニアンが位置と運動量の関数としてわかっている場合には，それらを演算子と読み替えて使います。これを対応原理とよびます。しかし，古典論に対応物がないスピン系の場合などは，いろいろ試して実験と比べるしかありません。

春樹 電子がシュレーディンガー方程式に従うのはよいとして，光子はどうなのですか？

先生 光子の場合にはマクスウェル方程式（第5章参照）がシュレーディンガー方程式のかわりをします。

香織 シュレーディンガー方程式もマクスウェル方程式も線形方程式ですね。

先生 量子力学は厳密な線形性を要求する希有の物理理論です。

13.5 公理（4）について

香織 4番目の公理は状態の突然の飛躍を主張していて，受け入れがたいものがあります。

先生 はい，このコペンハーゲン解釈とよばれるものが不自然とされ，量子力学の建設時から議論の的でした。この不思議さを強調した有名なたとえ話が，シュレーディンガーの猫です。箱の中の猫は測定する前は，生きている状態と死んでいる状態の重ね合わせです。測定すると「生きている」か「死んでいるか」どちらかに"突然"飛躍するというのが，一番素朴なコペンハーゲン学派の考えです。（この項目について，最新の量子力学では一般化された測定理論へと修正をします [1]。）

114   第 13 章 量子力学の公理

春樹　公理 (4) をヤングの実験の例で説明してください。
先生　スクリーンの x の位置における波の強度はボルン則から，波動関数の絶対値の 2 乗になり

$$|\langle x|\psi\rangle|^2 = 1 + \cos k_x d \tag{13.10}$$

となります。k が波数ベクトルの x 成分であったことを思い出すと，λ を波長，θ を図中の角度として，$k_x = (2\pi/\lambda)\sin\theta$ ですから，強度分布として干渉パターン

$$\propto \cos^2(\pi \sin\theta d/\lambda) \tag{13.11}$$

を得ます。粒子の話をしていたはずなのに，その統計分布に干渉という波動性が現れることが量子力学の不思議なところです。

13.6　粒子性と波動性

春樹　ちょうどよいので，ヤングの 2 重スリットの実験を例にとって，(1) から (4) の公理を通しで説明してくださいますか [2]？
先生　復習になりますが，スリットが 2 つある衝立を置くことにより，重ね合わせ状態 $|\psi\rangle = (|0\rangle + |1\rangle)/\sqrt{2}$ をつくります（公理 (1)）。最終的には光子の位置 x を測定します（公理 (2)）。その波動関数 $\langle x|\psi\rangle = (\langle x|0\rangle + \langle x|1\rangle)/\sqrt{2}$ はマクスウェル方程式（公理 (3)）に従います。

　入射光の強度を弱めて光源のシャッターが開いている時間には光子が 1 個しか出ないようにすると，当然ながらスクリーン上に輝点は 1 つしか現れません（公理 (4)）。同じ実験をはじめからやり直すと，スクリーン上の別のところに輝点が現れます。これをくり返すと，その輝点の現れる場所はその度に違い，一見デタラメのように見えます。しかし，多数回くり返し，感光した写真を重ねると縞模様が現れ，その強度分布は光の波動性を仮定して以前に計算したもの (13.10) に一致します。また，電子，中性子，陽子，重陽子はては C_{60} などの大きな分子に対しても実証されています。
香織　公理の (1) と (3) が波動性を，(4) が粒子性を述べたものですか？
先生　そうです。
香織　波動性のところが数学の世界で，粒子性のところが実験と結びつく現

実なのですね。
先生 量子力学は，数学の世界と現実世界の2重構造をもっています。それをつなぐのが，公理（4）です。

13.7 公理（5）について

春樹 テンソル積と，ただの積はどう違うのですか？
先生 大雑把にいえば，テンソル積とは積の重ね合わせのことです。
香織 5番目の公理では，状態がテンソル積であると述べていますが，観測可能量の方はどうなるのですか？
先生 それに対応して観測可能量もテンソル積になります。粒子1に対するハミルトニアンを H_1 とし，粒子2に対するハミルトニアンを H_2 としましょう。2粒子系のハミルトニアンは1を恒等演算子として，$H = H_1 \otimes 1 + 1 \otimes H_2$ となります。
春樹 テンソル積状態の例を挙げてください。
先生 左（右）のスリットのところに縦（横）偏光だけを通す偏光板を置きましょう。それぞれの偏光ベクトルを e(縦), $(e$(横)$)$ とすると，重ね合わせは

$$|\Psi\rangle = \frac{1}{\sqrt{2}}(|0\rangle \otimes e(縦) + |1\rangle \otimes e(横)) \tag{13.12}$$

となります。これを，経路と偏光がエンタングルしているといいます。e(縦)と e(横) が直交することに留意すると，スクリーンのところの確率分布は一様になり，干渉縞は消えることがわかります。

13.8 このさい聞いておこう

春樹 経路と偏光のエンタングルメントの物理的効果をお聞きしたいと思います。
先生 偏光を測定すれば，波束の収縮があり経路がわかります。経路がわかると干渉が消えます。一方，スクリーンの手前で45度に傾いた偏光板を置くと干渉縞が復活しますが，今度は経路がわからなくなります。このように経路の知見と干渉効果は相補関係にありますが，そのポイントはエンタングル

香織 一般化された測定理論は波束の収縮を伴わないのでしょうか？

先生 一般化測定理論は，波束の収縮を伴わない測定も含みます。いうなれば，3分の1だけ収縮するような柔らかな測定を含みます。測定器も量子力学系として扱っている点が新しいのですが，量子状態を実在とみないという意味で，基本的にはコペンハーゲン解釈の仲間だと思います。

春樹 粒子の位置を測定すると，ある値になるといいますが，その以前に粒子はどこにいたのでしょうか？

先生 その質問は無意味なので，してはいけないことになっています（笑）。

春樹 どうしてですか？

先生 測定していないので確かめようがないからです。

春樹，香織 （けげんな顔）

先生 コペンハーゲン解釈に論理的な穴はないのですが，巧妙に逃げ道を張っています（笑）。シュレーディンガーはこれを「ばちあたりな理論」とよんだそうです。

13.9 まとめ

先生は，黒板に以下のことを書いて授業を終えました。

量子力学は，原子，原子核，素粒子，固体などの性質を見事に説明することに成功し，正しいことに疑いはありません。公理（1）は量子状態について，公理（2）は物理量について述べています。公理（3）は量子状態の時間発展を与えます，ここまでは数学の世界であり，これだけでは実験と結びつきません。公理（4）が，物理量と測定値の関係を与えますが，確率的な考え方が導入されます。そこが，いかにも唐突で，マニュアル的です。公理（5）は，多自由度への拡張に必要ですし，一般化測定理論の前提です。しかし，5つの公理にまとめてわかるように，つぎはぎだらけのマニュアルという印象は否めません。将来，量子力学によって切り開かれた原子物理学の応用である現代のハイテクを用いて，量子

力学自体が検証され，それに基づいて理論的整備がなされるものと思います。

参考文献

[1] M. A. Nielsen and I. L. Chuang, *Quantum Computation and Quantum Information*, Cambridge University Press, Cambridge（2000）．

[2] 朝永振一郎著，江沢 洋編：『量子力学と私』岩波文庫（1997）．

[3] P. A. M. Dirac：*The Principles of Quantum Mechanics*, Oxford University Press（1930）；朝永振一朗他訳：『量子力学』岩波書店（1968）．

第 14 章

物理対話

物理学における基本法則のうち 13 項目を選んで，対話形式で解説しました。パリティ誌に連載された 11 項目について，熱心な読者からのご指摘とご意見をいただき，メールで意見交換をして，ある部分は書き直しました。それに編集者からの要請もあり，2 つの項目「位相速度，群速度，信号速度」と「熱力学第 2 法則」を追加しました。前者は波動の伝播速度に関するものであり，法則ではありませんが教師のなかにも不確かな理解の人も見受けられるので入れました。後者については，連載時に第 1 法則の続きに入れてしまった不体裁を正して，統計力学との関連を加筆しました。

14.1 対話について

近代物理学はヨーロッパ文化のなかに生まれ，そこにはプラトン以来の対話 (dialogue) による論理展開の伝統があります。ガリレオの『天文対話』，量子力学に関する「アインシュタインとボーアの論争」などが歴史的に有名ですが，そのような伝統がいまもヨーロッパに根づいていることは，共同研究をして日常的に体験するところでもあります。ヨーロッパ人は議論してから計算をする！というのが，私の留学中の体験でした。日本人の場合は，ノートにきれいに計算してから議論をさせていただく，という感じでしょうか。授業をしていても，せいぜい質問と回答という，「論語調」のやりとり（顔淵，仁を問う。子いわく……）がせいぜいです。テニスのラリーでいうと 1 回か 2 回で切れます。

　「対話形式」の方が，講義形式より「わかりやすい」というつもりはありま

せん。むしろ，流れが悪くなり「習い方」としては非効率です。しかし，「言葉，弁証法」(dialectique) の力により，ドライバーを回すように思考を前に進める力をつける最善の方法が対話です。慣れてくると，自分のなかで対話を始めます。大学院の教育でもこれができるのは論文作成のときです。何回も書き直しをしながら議論を積み重ねて論理を緻密にしていくなかで，意外な展開が生まれてよい仕事に仕上がる体験は本質的に重要です。

14.2 「わかりやすい」ことはよいことだろうか？

ある学科の学生による授業評価を傍聴したことがあります。香織によく似た学生代表が先生たちの授業の総評をしていました。「A先生の授業はわかりやすかったけれども，内容は希薄だった」とたんたんと報告したので，私はおおいに感心しました。難しいことをわかりやすく説明することはよいことですが，わかりやすいことだけ拾い集めるならば何の意味もありません。むしろ，難しいところを明確にして，どこが問題点なのかをはっきりさせる方がよい場合も多いと思います。そのためには，対話が一番です。

たとえば，ニュートンの第1法則が，慣性系の存在を述べている，と講義で一方的にいってしまうと，その重要性がすり抜けてしまいます。「外から力が働かないかぎり物体は等速運動を続ける」の表現を批判的にとらえ直し，まずそれが第2法則（ニュートンの運動方程式）の特別な場合ではないか？と問うことから始めます。次に第2法則と第3法則（作用反作用の法則）が慣性系に限定した法則であると理解し，それから，「慣性系の存在は仮定するしかない」と得心がいくのです。この思考過程は相当の労力を要求し，「わかりやすく」ありません。

14.3 物理学における論理と実証

物理における質問を分類すると，「論理的根拠（why?）」に関する質問と「具体例を要求し，実験的根拠（how do you know that?）」を問うものがあると思います。前者が香織のする質問にあたり，後者が春樹の質問です。実証科学である物理学にとって両方が必要ですので，13回の授業で，2人が質問を

するという仮想劇場をつくってみました。

14.4　香織と春樹の正体

聡明な香織と，つねに現実を踏まえる春樹の名前は，私が朝に登校補助の「黄色い旗のおじさん」をしているときの，仲のよい小学生から勝手に借りました。また，ギリシャ神話にある「エロスとプシュケー」（英語だとキューピッドとサイキ）の伝説を意識してもいます。伝説は，肉体と精神を若い神様たちにたとえたものです。ジュール・ロマンの小説『プシュケー』に出てくる，好奇心いっぱいの聡明なヒロインは「理系女性」の理想化でもあり，量子力学に出てくる波動関数 ψ をも想起させます。しかし，閲読者の指摘とおり，香織はお利口過ぎるかもしれません。

　質問の内容は，私が40年間大阪大学と東京工業大学で行った授業で受けた質問をもとにしました。

14.5　質問のネタ

すでに述べたように，ヨーロッパ文化のなかの対話の元祖がプラトンの「対話篇」です。ソクラテスと弟子との会話，あるいは相手をいい負かすことが重要で真実などは幻想であると考えているソフィストたちとの激しい論争があり，緊張感あふれるもので，ハイゼンベルクの『部分と全体』[1]の模範にもなっています。その「対話篇」の中で，弟子の1人が奇妙な質問をします。

弟子　ソクラテスさん，人はなぜ質問をするのでしょうか？
ソクラテス　？
弟子　わかっているのなら質問をする必要がありませんし，わからなければ何を質問してよいかわかりません。どっちにしても質問はありえないように思うのですが。
ソクラテス　質問する人は少しわかっているから質問をするのではないかね。

まさにそのとおりです。少しわかったところで質問をし理解を深めることは，知識獲得の王道でしょう。

学生さんが，このシリーズを「質問のネタ」として授業中に活用すると，質問をしやすくなるかもしれません。香織と春樹のする質問に触発されて新たな質問が湧き出てくると思います。「先生」の回答に納得できないかもしれません。質問攻めにして，先生が立ち往生するのも一興でしょう。先生が恥じておおいに勉強し，次回にリベンジしたら拍手してあげましょう。

14.6 13章分の要点

各章の記事の要点をまとめておきます。

力学
(1) ニュートンの3法則

第1法則（慣性の法則）が，慣性系の存在を仮定したもので，第2法則と第3法則の前提であることを強調した。第3法則は，第2法則の実験的検証のために必要であり，重力のない場合の力学がニュートンの3法則で完結する。重力がある場合には，自由落下系こそが慣性系であり，地上に留まる系は上方に加速される加速系であることを述べた。

(2) ケプラーの3法則

3法則の大前提に軌道が閉じることが必要であると指摘した。その根拠がレンツベクトルなる保存量にあると述べた。それが，第3法則（惑星の公転周期の2乗と惑星の太陽からの距離の3乗の比は，惑星によらず一定）の別証も与える。

(3) 作用原理

作用原理から出発すると，ニュートン方程式が速度が小さい場合の近似的な法則であることが最初からはっきりする。対称性によってラグランジアンのかたちを絞り込む考え方が重要で，第4回のネーターの定理と関連がある。最後に作用原理の根拠が量子力学にあることを明示した。

(4) 対称性と保存則：ネーターの定理

場の理論の人たちには，よく知られたネーターの定理を解説した。ほかの

分野の人も知っておいてよい定理である．作用がある変換に対して変わらないときに，その変換に対応する対称性があるという．対称性があるときには，対応して保存量があることがネーターの定理である．運動量，角運動量，エネルギーは空間の並進対称性，空間の回転対称性，時間の並進対称性からの帰結である．力学を作用原理から出発する利点の1つである．

電磁気学

(5) マクスウェルの方程式

　マクスウェルの4本の方程式から出発して，電磁気学における，ガウスの法則，アンペール–マクスウェルの法則，ファラデーの法則を導いた．場の理論分野の人たちには標準的であるが，初学者にとっては新鮮かもしれない．4本の式の役割分担を述べた．アンペール–マクスウェルの法則とファラデーの法則が電場・磁場の時間発展を与え，その初期値に対する拘束条件がガウスの法則である．

(6) ホイヘンスの原理：波動の法則

　高校で学ぶ，直観的なホイヘンスの原理だけでは自立した原理でなく，やはり波動方程式の境界値問題の解であるキルヒホッフ–フレネルの定理に戻らないと，波動伝播を本当に理解したことにはならないと述べた．

(7) 位相速度，群速度，信号速度

　ふつうに物理法則のなかに入れられていないが，波動の伝播速度について多くの教科書では位相速度と群速度の定義に留まっていて，その物理的な意味については不十分なままになっている．一方，ブリユアンによる古い教科書が忘却されているようなので，その内容をかいつまんで述べた．

相対性理論

(8) ローレンツ変換

　光速不変の原理を正面に出した導出である．1905年のアインシュタインによる時計の時刻の合わせ方にもとづく導出と計量を用いた現代的な導出の中間に位置するかもしれない．

熱統計力学

(9) 熱力学第 1 法則

第 1 法則と単なるエネルギー保存則との違いを述べた。最大仕事の要請から，熱力学として内容のある原理になり，それが準静的過程であることを指摘した。すでに優れた教科書があり，その一部を対話形式にしてポイントを強調した。

(10) 熱力学第 2 法則

エントロピー増大の法則の熱力学的内容をくわしく述べて，次の統計力学の枠組みでその確率的意味を例示した。

(11) 統計力学

統計力学と熱力学の関係について述べた。ミクロ力学からマクロな熱力学を導く手続きで，平衡熱力学が再現するものである。熱力学以上の結果がどれであるかを明示した。ミクロカノニカル統計から出発して，カノニカル統計に進む伝統的な手法に準じた。

(12) ブラウン運動

アインシュタインの関係を酔歩のモデルにもとづいて初等的に導出し，その意味するところを批判的に吟味した。ランジュバン方程式は紙数の関係で割愛した。

量子力学

(13) 量子力学の公理

通常，量子力学は練習をしながら，いわば刷込みで勉強する。それはそれで教育的なのだが，量子力学の全体像がみえなくなる。ここでは，基本的仮定を 5 つ掲げて，それを解説した。教科書でこのような書き方をしたものは少ないので，新鮮かもしれない。

このなかで，力学，電磁気学は論理構成が演繹的つまりトップダウンであり，一方，熱力学は操作的であるといわれます。つまり，全体像を示すことなく次のステップだけが実証できるかたちで指定され，それがくり返されます。特殊相対性理論におけるアインシュタインの原論文はそのようになっていますが，現代的な教科書は対称性を仮定した後は演繹的です。量子力学に

ついてはどうなるでしょうか？　たぶんまだ完成していないので完成形がどうなるか興味津々です。

14.7　エピローグ：物理の全体像

読み返してみると，私自身の考え方が濃厚に出ています。思い込みと独りよがりもあるかもしれないので，忌憚ないご指摘をたまわりたいと思います。できれば，印刷物のなかでなく，リアルな対話のなかで物理法則の意味を論じてみたいと思いますが，最後に物理学の全体像や未来について 3 人に語ってもらいましょう。

香織と春樹　物理の授業で，力学，電磁気学，波動，熱力学，統計力学，量子力学と，ばらばらに教わり，物理学の全体像がつかめません。それらは，どういう関係になるのでしょうか？

先生　そうですね。ふつう大学では物理の全体像については教えません。力学と電磁気学の古典論は作用原理のかたちでまとめることができます。作用は点粒子に対する作用と電磁場に対する作用および相互作用の項からなります。波動は場の方程式の解に過ぎません。点粒子に対する作用と電磁場に対する量子力学は，正準量子化あるいは経路積分法により行われ，プランク定数を小さいとする近似で，古典論が再現されます。熱力学はそれらとはまったく違う立ち位置にあります。古典，量子の両方に対して力学と電磁気学をミクロな物理学とよびましょう。一方，熱力学は熱と仕事についてのマクロな系に対する経験則から成り立っています。統計力学はミクロな物理学の平均を熱力学と整合的に与えるマクロな系に対する物理学です。

香織と春樹　物理学の基礎は完成されて，応用だけが残されていると考えてよいでしょうか？

先生　そうとは思いません。自然の力には，強い力，電磁力，弱い力，重力がありますが，それらを統一した理論が追求されています。

春樹　理論が提案されて，それを実験で検証するということでしょうか？

先生　素粒子物理などはそうです。

香織　結局，たった 1 項からなるラグランジアンを探そうということでしょうか？

先生 そうでない方向の研究もあります。量子力学の基礎実験が典型ですが，ベル（J. S. Bell）の不等式の破れの実験などはラグランジアンのテストではありません。

香織 熱力学はどうなんでしょうか？

先生 熱力学は基本的に経験則ですが，それと情報科学との関係も実験的に検証されています。

春樹 何が，実験検証されるべきで，何がそうでないのか，という線引きはあるのですか？

先生 アインシュタインがいったように，何が実験されるべきかは理論が決めます [1]。この言葉は，物理学の将来を考えると重要です。理論家は，問題意識を鋭くして，実験すべき量を新たに提案すべきなのです。その量を測定するプロトコルを考えるのが実験家の役割でしょう。ベルの不等式とその破れを考えたのがベルたちであり，その実験を考案して実行したのはアスペ（A. Aspect）たちでした。朝永振一郎が著作『物理学とは何だろうか』[2] のなかで，物理学は（実験にもとづくのではなく）実験を手がかりにして自然法則を見いだす学問であるといっていることも味わい深い言葉です。

参考文献

[1] W. ハイゼンベルク：『部分と全体　私の生涯の偉大な出会いと対話』（山崎和夫訳）みすず書房（1999）.

[2] 朝永振一郎：『物理学とは何だろうか』岩波書店（1979）.

索　引

【数字】

1905 年の論文　70
2 項分布　104, 105
2 準位系　94, 96

【和文】

あ 行

アインシュタイン　70, 110
アインシュタインの関係　101, 104, 108
アボガドロ数　104
鞍点法　56
アンペールの法則　38, 42
異常分散　57, 58
位相因子　23
位相速度　53, 54
位置　112
位置演算子　112
一般化座標　19
一般化された測定理論　116
一般相対性理論　3
移動度　101, 103, 108
イベントの同時性　66
運動エネルギー　28
運動量　25, 112

運動量演算子　112
運動量保存則　28
エーテル　62
江沢洋　107
エトベッシュ　5
エネルギー　25, 112
エネルギーの流れの速度　58
演算子　109
エンタングルメント　115
エントロピー　79
オイラー　7, 17
オイラー–ラグランジュ方程式　20
温度　73
音波　57

か 行

解析力学　17
回折現象　47
回折波　47
回転対称性　20, 26
ガウス関数　105
ガウスの定理　36, 50
ガウスの法則　36
可逆な操作　76
角運動量　11, 25, 112
角運動量保存則　29

拡散係数　101, 108
拡散と粘性　106
拡散方程式　106, 108
角振動数　53
確率解釈　110
確率分布関数　104
重ね合わせ状態　110
重ね合わせの原理　109
火星　13
加速度　1
カノニカル統計　95, 96
ガリレイ変換　62
カルノーサイクル　77
カルノーの定理　78
干渉　114
　——現象　48
慣性系　2, 61
　——の存在　1
慣性質量　5
観測可能量　109
幾何光学　17
気体の拡散　85
気体分子運動論　93
基底状態　94
起電力　37
ギブズのパラドックス　94
吸収　58
キルヒホッフ　48
キルヒホッフの公式　48, 51
近日点　10
　——移動　13
空間の一様性　20
クーロンの法則　36, 37, 42
屈折角　46
屈折の法則　17, 46
屈折率　54, 57
久保公式　107
クラウジウスの原理　86

クロネッカーデルタ　32
群速度　53, 55
系　73
ケプラー　9
ケプラーの3法則　9
ケルヴィンの原理　79, 85
原因と結果が逆転するというようなことは
　起きない　67
コイル　38
交換関係　112
後進波　51
光速　61
拘束条件　40
光速不変の原理　62, 71
公転周期　9
コペンハーゲン解釈　113, 116
固有時　68
固有状態　109
固有値　109
孤立系　83
コンデンサー　38

さ　行

最小作用の原理　19
　——の根拠　22
最小時間の原理　17
最大仕事　78
座標変換　61
作用積分　19
散逸揺動定理　107
時間の遅れ　68
時間並進　27
思考実験　81
示強性　83
仕事　73
磁束　37
質量　1

索 引　　*129*

磁場　　35
自由エネルギー　　80
　　ヘルムホルツの——　　80, 96
周期　　10
重心　　15
自由落下系　　3
自由粒子　　20
重力　　4
重力質量　　5
シュレーディンガー　　110
シュレーディンガーの猫　　113
シュレーディンガー方程式　　109
準静的操作　　76
準静的等温操作　　76
状態密度　　88
状態量　　76
焦点　　9
初期値　　6
初期値問題　　40
初速度　　6
示量性　　83
　　——変数　　83
真空　　46
　　——の透磁率　　35
　　——の誘電率　　35
信号速度　　53, 58, 60
振幅　　53
水星　　13
酔歩　　101
スターリングの公式　　92, 104
ストークスの定理　　37, 38
スネル　　47
スネルの屈折の法則　　19, 47
正規分布　　105
正準交換関係　　112
絶対温度　　78
前進波　　51
先端速度　　60

相空間　　92
操作　　73
操作的な論法　　73
相対論的粒子　　21, 57
素元波　　45

　　　　た　行

第 0 法則　　81
第 2 種永久機関　　87
対応原理　　113
対称性　　20
　　——と保存則　　25
楕円軌道　　9
単磁極の理論　　37
断熱操作　　75
断熱壁　　75, 83
断熱冷却　　86
力　　1
中心力　　10
長半径　　9, 10
調和の法則　　9
ティコ・ブラーエ　　9, 13
テイラー展開　　21
ディラック　　37, 111
停留値　　23, 56
デカルト座標　　22
電荷と電流の連続性　　39
電荷の保存　　39
電荷密度　　35
電気力線　　36
電磁波　　41
電磁場中の荷電粒子　　28
電磁誘導の法則　　42
電束密度　　35
テンソル積　　110
電場　　35
伝播速度　　41

電流密度　35
等温過程　74
等温操作　75
等価原理　4
統計力学　88, 91
　　――と第2法則　88
　　熱力学と――　97
　　平衡――　107
同時刻　66
等重率　93
等速直線運動　1
透磁率　35
ド・ブロイ　110
トポロジカルな保存量　32
朝永振一郎　126

な行

内部エネルギー　73
波の伝播速度　45
入射角　18, 46
ニュートン　1
ニュートンの運動法則　1
ニュートン力学　62
ネーター荷電　25, 32
ネーターの定理　22, 25
　　――の逆　32
熱　73
　　――の定義　78
熱浴　73
熱力学第1法則　73, 91
熱力学第2法則　81
　　――と確率　90
熱力学第3法則　81, 97
熱力学的状態　73
熱力学と統計力学　97
ネルンストの法則　81
粘性　106

は行

媒質　46
波数　53
波数ベクトル　41
波束　56
　　――の収縮　110
　　――の重心　56
波長　53
波動関数　23, 48, 111
　　――と状態　111
波動性　114
波動方程式　41, 48
場の理論　23
反射角　18
反射の法則　17
万有引力　8, 9, 10
万有引力の法則　11
微視的な状態の数　92
微小回転　29
微小変換　25
非相対論的粒子　57
非ホロノーム系　23
ヒルベルト空間　109
フェルマー　17
ブラウン運動　101
プラズマ中の電磁波　57
プランク定数　22, 93, 112
プランクの原理　87
ブリユアン　59
プリンキピア　7, 14
フレネル　47, 48
分散関係　53
分配関数　96, 98
平均距離　101
平衡統計力学　107
並進対称性　26
平面波の解　41

索 引 **131**

ベクトル空間　111
ベラン　104
ヘルツ　42
ベルヌーイの関係式　92
ヘルムホルツの自由エネルギー　80, 96
ヘロン　17
変位　29
変位電流　38
偏光　42, 115
偏光板　42
ホイヘンスの原理　45
ホイヘンス–フレネルの原理　48, 51
ボイル–シャルルの法則　76, 93
包絡面　45
保存則　25
保存量　27
ポテンシャル　21, 28
ポテンシャルエネルギー　28
ボルツマン公式　88, 91
ボルン則　110, 114

　　ま　行

マイケルソン　62
マイケルソンとモーリーの実験　62
マクスウェルの方程式　35, 113
マクロな変数　75
マクロな量　103
摩擦のある系　22
ミクロカノニカル統計　88, 92
ミクロな量　103

ミュー粒子　69
面積速度　9
モーリー　62
モンキーシューティング　5

　　や・ら　行

ヤングの2重スリットの実験　111
誘電率　35

ラグランジアン　19
ラグランジュ　17
ラプラシアン　48
ランダウ–リフシッツ　70
ランダムな運動　101
離心率　13
理想気体　76, 92
　——のエントロピー　85
粒子性と波動性　114
粒子の寿命　69
量子統計　94
量子力学　22, 23, 109
　——の公理　109
励起状態　94
連続の式　39
レンツベクトル　11, 15
ローレンツ　61
ローレンツ収縮　67
ローレンツ不変性　21
ローレンツ変換　61

著者の現職
細谷暁夫（ほそや・あきお）
東京工業大学名誉教授。理学博士。おもな研究分野は宇宙論，量子力学。著書に『量子コンピューターの基礎』（サイエンス社）がある。猫好き。

物理の基礎的13の法則

　　　　　　　　　　　平成29年7月31日　発　行

著作者　　細　谷　暁　夫

発行者　　池　田　和　博

発行所　　丸善出版株式会社
　　　〒101-0051　東京都千代田区神田神保町二丁目17番
　　　編　集：電話(03)3512-3267／FAX(03)3512-3272
　　　営　業：電話(03)3512-3256／FAX(03)3512-3270
　　　http://pub.maruzen.co.jp/

Ⓒ Akio Hosoya, 2017

組版印刷・製本／三美印刷株式会社

ISBN 978-4-621-30189-0　C 0042　　　　　Printed in Japan

JCOPY 〈(社)出版者著作権管理機構　委託出版物〉
本書の無断複写は著作権法上での例外を除き禁じられています。複写される場合は，そのつど事前に，(社)出版者著作権管理機構(電話03-3513-6969, FAX 03-3513-6979, e-mail：info@jcopy.or.jp)の許諾を得てください．